V

(C)

PRÉCIS

DE

L'ART DE LA GUERRE,

OU

NOUVEAU TABLEAU ANALYTIQUE.

IIe PARTIE.

IMPRIMERIE de COSSE et G.-LAGUIONIE,
Rue Christine, 2.

PRÉCIS

DE

L'ART DE LA GUERRE,

OU

NOUVEAU TABLEAU ANALYTIQUE

DES PRINCIPALES COMBINAISONS DE LA STRATÉGIE, DE LA GRANDE TACTIQUE ET DE LA POLITIQUE MILITAIRE,

PAR

LE BARON DE **JOMINI**,

Général en chef,

AIDE-DE-CAMP GÉNÉRAL DE S. M. L'EMPEREUR DE TOUTES LES RUSSIES.

NOUVELLE ÉDITION,

CONSIDÉRABLEMENT AUGMENTÉE.

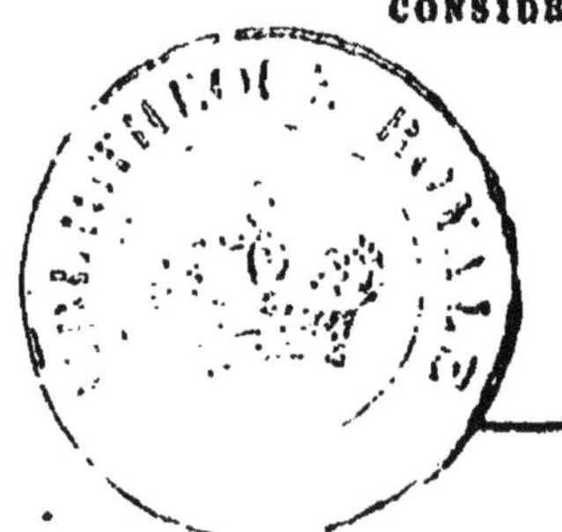

IIe PARTIE.

PARIS,

ANSELIN, LIBRAIRE
Pour l'Art Militaire,
LES SCIENCES ET LES ARTS,

G.-LAGUIONIE, IMPRIMEUR,
LIBRAIRE DU PRINCE ROYAL
Pour l'Art Militaire,

RUE ET PASSAGE DAUPHINE, 36.

1838.

PRÉCIS

DE

L'ART DE LA GUERRE.

CHAPITRE IV.

DE LA GRANDE TACTIQUE,

ET DES BATAILLES.

Les batailles sont le choc définitif de deux armées qui se disputent de grandes questions de politique et de stratégie. La stratégie amène les armées sur les points décisifs de la zone d'opérations, prépare les chances de la bataille, et influe d'avance sur ses résultats; mais c'est à la tactique réunie au courage, au génie et à la fortune, à les faire gagner.

La grande tactique est donc l'art de bien combiner et bien conduire les batailles : le principe directeur des combinaisons de la tactique est le même que celui de la stratégie, c'est de porter le gros de ses forces sur une partie seulement de l'armée ennemie et sur le point qui promet le plus de résultats.

On a dit que les batailles étaient en définitive l'action principale et décisive de la guerre; cette assertion n'est pas toujours exacte, car on a vu des armées détruites par des opérations stratégiques sans qu'il y eût de batailles mais seulement une série de petits combats. Il est vrai aussi qu'une victoire complète et décisive peut donner les mêmes résultats sans qu'il y ait eu de grandes combinaisons stratégiques.

Les résultats d'une bataille dépendent ordinairement d'un ensemble de causes qui ne sont pas toujours du domaine de l'art militaire : l'espèce d'ordre de bataille adopté, la sagesse des mesures d'exécution, le concours plus ou moins loyal et plus ou moins éclairé des lieutenants du généralissime, la cause de la lutte, l'élan, les proportions et la qualité des troupes, la supériorité en artillerie ou en cavalerie et leur bon emploi, mais par-dessus tout l'état moral des armées et même des nations, voilà ce qui donne des victoires plus ou moins décisives et détermine leurs résultats. Aussi M. le général Clausewitz avance-t-il un gros sophisme en nous disant que, sans manœuvres tournantes, une bataille ne saurait procurer de victoire complète. Celle de Zama vit périr en quelques heures le fruit de vingt ans de gloire et de succès d'Annibal, sans que personne eût songé à le tourner. A Rivoli, les tourneurs furent complètement battus, et ils ne furent plus heureux ni à Stockach en 1799, ni à Austerlitz en 1805. Comme on le verra à l'article 32, je suis loin de repousser les manœuvres tendant à déborder et tourner une aile, car je les ai constamment prônées, mais il importe de savoir tourner à propos et habilement, et je crois que les manœuvres stratégiques pour s'emparer des communications sans perdre les siennes, sont plus sûres que celles de tactique.

Il y a trois sortes de batailles : les premières sont les batailles défensives, c'est-à-dire celles que livre une armée dans une position avantageuse où elle attend l'ennemi ; les secondes sont les batailles offensives, livrées par une armée pour attaquer l'ennemi dans une position reconnue ; les troisièmes sont les batailles imprévues, ou livrées par les deux partis en marche. Nous allons examiner successivement les diverses combinaisons qu'elles présentent.

ARTICLE XXX.

****

Des positions et batailles défensives.

Lorsqu'une armée s'attend à un combat, elle prend position et forme sa ligne de bataille. On a vu par la définition générale des opérations, donnée au commencement de cet ouvrage, que j'ai fait une distinction entre les lignes de bataille et les ordres de bataille, objets que l'on a confondus jusqu'à ce jour.

Je nommerai ligne de bataille, la position déployée, ou composée de bataillons en colonnes d'attaque, qu'une armée prendra pour occuper un camp et un terrain où elle recevra le combat sans but déterminé : c'est la dénomination propre à une troupe formée selon l'ordonnance d'exercice, sur une ou plusieurs lignes, et qui fera l'objet plus particulier de l'article 43. Je nommerai, au contraire, ordre de bataille, la disposition des troupes indiquant une manœuvre déterminée; par exemple, l'ordre parallèle, l'ordre oblique, l'ordre perpendiculaire sur les ailes.

Cette dénomination, quoique neuve, paraît indispensable pour bien désigner deux objets qu'il faut se garder de confondre (*). Par la nature de ces deux choses, on voit que la ligne de bataille appartient plus particulièrement au système défensif, puisque l'armée qui attend l'ennemi sans savoir ce qu'il va faire, forme vraiment une ligne de bataille vague et sans but. L'ordre de bataille indiquant au contraire une disposition de troupes formées avec intention pour le combat, et supposant une manœuvre décidée d'avance, appartient plus particulièrement à l'ordre offensif. Je ne prétends pourtant pas que la ligne de bataille soit exclusivement défensive, car une troupe pourra fort bien aller à l'attaque d'une position dans cette formation; de même une armée défensive pourra adopter un ordre oblique ou tout

(*) Ce n'est point le plaisir d'innover qui me porte à modifier les dénominations reçues, ou à en créer de nouvelles. Pour développer une science, il est urgent qu'un même mot ne signifie pas deux choses tout-à-fait différentes : si l'on tient à nommer *ordre de bataille* la simple répartition des troupes dans la ligne, alors du moins ne faut-il pas donner les noms d'ordre de bataille oblique, d'ordre de bataille concave, à des manœuvres importantes. Dans ce cas, il faudrait désigner ces manœuvres par les termes de système de bataille oblique, etc. Mais je préfère la dénomination que j'ai adoptée : l'ordre de bataille sur le papier peut se nommer tableau d'organisation, et la formation ordinaire sur le terrain prendra le nom de ligne de bataille.

autre ordre propre à l'offensive. Je ne parle que des cas qui sont les plus fréquents.

Sans suivre absolument ce qu'on nomme le système de guerre de positions, une armée peut être néanmoins souvent dans le cas d'attendre l'ennemi dans un poste avantageux, fort par sa nature, et choisi d'avance pour y recevoir une bataille défensive. On peut prendre un tel poste lorsqu'on tient à couvrir un point objectif important, tel qu'une capitale, de grands dépôts, ou un point stratégique décisif qui domine la contrée, enfin lorsqu'on protége un siége.

Il y a du reste plusieurs sortes de positions, les stratégiques dont on a parlé à l'article 20, et les tactiques. Ces dernières se subdivisent à leur tour : il y a d'abord les positions retranchées prises pour attendre l'ennemi dans un poste abrité d'ouvrages plus ou moins liés, en un mot dans des camps retranchés ; nous avons traité leurs rapports avec les opérations stratégiques à l'article 27, et nous traiterons de leur attaque et de leur défense à l'article 35. Les secondes sont les positions fortes par leur nature, où les armées campent pour gagner quelques jours. Les dernières enfin sont les positions ouvertes, mais choisies d'avance pour y recevoir bataille.

Les qualités que l'on doit rechercher dans celles-ci varient selon le but qu'on a en vue ; il importe cependant de ne pas se laisser aller au préjugé trop accrédité, qui fait préférer les positions escarpées et d'un accès difficile, très convenables peut-être pour un camp de passage, mais qui ne sont pas toujours les meilleures pour livrer bataille. En effet, une position n'est pas forte seulement quand elle est composée d'un terrain escarpé, mais bien lorsqu'elle est en harmonie avec le but qu'on se propose en la prenant, et qu'elle offre le plus d'avantages possibles à l'espèce de troupe qui constitue la principale force de l'armée ; enfin, lorsque les obstacles du terrain sont plus nuisibles à l'ennemi qu'à l'armée qui occupera cette position. Par exemple, il est certain que Masséna, prenant la forte position de l'Albis, eût fait une faute grave s'il eût été supérieur en cavalerie et en artillerie ; tandis que, pour son excellente infanterie, c'était précisément ce qu'il lui fallait. De même Wellington, dont toute la force consistait dans son feu, choisit bien la position de Waterloo dont il battait au loin toutes les avenues par un feu rasant. Du reste, cette position de l'Albis était plutôt une position stratégique, celle de Waterloo une position de bataille.

Les maximes qu'il faut observer ordinairement pour ces dernières sont :

1° D'avoir des débouchés plus faciles pour tomber sur l'ennemi quand on juge le moment favorable, que l'ennemi n'en aurait pour s'approcher de la ligne de bataille ;

2° D'assurer à l'artillerie tout son effet défensif ;

3° D'avoir un terrain avantageux, pour dérober les mouvements qu'on ferait d'une aile à l'autre, afin de porter des masses sur le point jugé convenable ;

4° De pouvoir au contraire découvrir aisément les mouvements de l'ennemi ;

5° D'avoir une retraite facile ;

6° D'avoir les flancs bien appuyés, à l'effet de rendre impossible une attaque sur les extrémités, et de réduire l'ennemi à une attaque sur le centre, ou du moins sur le front.

Cette dernière condition est difficile à remplir : car si l'armée est appuyée à un fleuve, à des montagnes ou forêts impraticables, et qu'elle éprouve le moindre échec, il peut se changer en un désastre complet, puisque la ligne rompue serait rejetée sur ces mêmes obstacles qu'on croyait faits pour la protéger. Ce danger incontestable autorise à penser, que des postes d'une défense facile valent mieux, pour un jour de bataille, que des obstacles insurmontables, puisqu'il suffit de postes où l'on puisse se maintenir pour quelques heures à l'aide de simples détachements (*);

7° On remédie quelquefois au défaut d'appui pour les flancs, par des crochets en arrière. Ce système est dangereux, en ce qu'un crochet inhérent à la ligne gêne les mouvements, et que l'ennemi, en plaçant du canon sur l'angle des deux lignes, y causerait de grands ravages. Une double réserve, disposée en ordre profond derrière l'aile qu'on veut mettre à l'abri d'insulte, semble mieux remplir le but qu'un crochet : les localités doivent déterminer l'emploi de ces deux moyens; nous en donnerons de plus amples détails à la bataille de Prague (Chapitre II de la Guerre de sept ans).

(*) Le parc de Hougomont, le hameau de la Haye-Sainte et le ruisseau de Papelotte, présentèrent à Ney des obstacles plus sérieux que la fameuse position d'Elchingen où il força le passage du Danube en 1805 sur les débris d'un pont brûlé. Le courage des défenseurs put bien ne pas être absolument égal dans les deux circonstances; mais, à part cette chance, il faut avouer que les difficultés d'un terrain, lorsqu'elles sont bien utilisées, n'ont pas besoin d'être insurmontables pour déjouer une attaque. A Elchingen la grande élévation et l'escarpement des berges, rendant l'effet des feux presque nul, furent plus nuisibles qu'utiles à la défense.

8° Ce ne sont pas seulement les flancs que l'on doit chercher à couvrir dans une position défensive, il arrive souvent que le front offre des obstacles sur une partie de son développement, de manière à mettre l'ennemi dans la nécessité de diriger ses attaques sur le centre. Une telle position sera toujours des plus avantageuses pour une armée défensive, comme les batailles de Malplaquet et de Waterloo l'ont prouvé. Pour atteindre ce but, il ne faut pas des obstacles immenses, le moindre accident de terrain suffit quelquefois ; ce fut le misérable ruisseau de Papelotte qui força Ney d'attaquer le centre de Wellington au lieu d'assaillir la gauche comme il en avait l'ordre.

Lorsqu'on défend un pareil poste, il faut avoir soin de mobiliser une partie des ailes ainsi abritées, afin qu'elles puissent prendre part à l'action au lieu d'en rester les témoins inutiles.

On ne peut se dissimuler néanmoins que tous ces moyens ne sont que des palliatifs, et que le meilleur de tous pour une armée qui attend l'ennemi défensivement, c'est de savoir reprendre l'initiative lorsque le moment est venu de le faire avec succès.

Nous avons mis au nombre des qualités requises pour une position, celle d'offrir une retraite facile : ceci nous mène à l'examen d'une question soulevée par la bataille de Waterloo. Une armée, adossée à une forêt, quand elle aurait un bon chemin derrière son centre et chacune des ailes, serait-elle compromise comme l'a prétendu Napoléon, si elle venait à perdre la bataille ? Pour moi je crois, au contraire, que pareille position serait plus favorable à une retraite qu'un terrain entièrement découvert, car l'armée battue ne saurait traverser une plaine sans rester exposée au plus grand danger. Sans doute si la retraite dégénérait en déroute complète, une partie du canon resté en batterie devant la forêt serait probablement perdue, mais l'infanterie, la cavalerie et le surplus de l'artillerie, se retireraient aussi bien qu'à travers une plaine. Si la retraite, au contraire, se fait en ordre, rien ne saurait mieux la protéger qu'une forêt : bien entendu toutefois qu'il existe au moins deux bons chemins derrière la ligne ; que l'on ne se laisse pas serrer de trop près sans aviser aux mesures nécessaires pour la retraite ; enfin qu'aucun mouvement latéral n'ait permis à l'ennemi de devancer l'armée à l'issue de la forêt ainsi que cela eut lieu à Hohenlinden. La retraite serait d'autant plus sûre si, comme c'était le cas à Waterloo, la forêt formait une ligne concave derrière le centre, car ce rentrant deviendrait une véritable place d'armes pour recueillir les troupes et leur donner le temps de filer successivement sur la grande route.

Nous avons déjà indiqué, en parlant des opérations stratégiques, les diverses chances que procurent à une armée les deux systèmes offensif et défensif, et nous avons reconnu, qu'en stratégie surtout, celui qui prenait l'initiative avait le grand avantage de porter ses masses et de frapper, là où il jugeait convenable à ses intérêts de le faire, tandis que celui qui attendait en position, prévenu partout et souvent pris au dépourvu, était toujours forcé de subordonner ses mouvements à ceux de son adversaire. Mais nous avons reconnu également, qu'en tactique ces avantages sont moins positifs, parce que les opérations n'étant pas sur un rayon aussi vaste, celui qui a l'initiative ne saurait les cacher à l'ennemi qui, le découvrant à l'instant, peut, à l'aide de bonnes réserves, y remédier sur-le-champ. Outre cela, celui qui marche à l'ennemi, a contre lui tous les désavantages résultant des obstacles du terrain qu'il doit franchir pour aborder la ligne de son adversaire : quelque plate que soit une contrée il y a toujours des inégalités dans le terrain, de petits ravins, des buissons, des haies, des métairies, des villages à emporter ou à dépasser : qu'on ajoute à ces obstacles naturels, les batteries ennemies à enlever, et le désordre qui s'introduit toujours plus ou moins dans une troupe exposée long-temps au feu d'artillerie ou de mousqueterie, et l'on conviendra qu'en tactique du moins, l'avantage de l'initiative est balancé.

Quelque incontestables que soient ces vérités, il en est une autre qui les domine, et qui est démontrée par les plus grands événements de l'histoire. C'est qu'à la longue, toute armée qui attendra l'ennemi dans un poste fixe, finira par y être forcée, tandis qu'en profitant toujours des avantages de la défensive pour saisir ensuite ceux que procure l'initiative, elle peut espérer les plus grands succès. Un général qui attendra l'ennemi comme un automate, sans autre parti pris que celui de combattre vaillamment, succombera toujours lorsqu'il sera bien attaqué. Il n'en est pas ainsi d'un général qui attendra avec la ferme résolution de combiner de grandes manœuvres contre son adversaire, afin de ressaisir l'avantage moral que donnent l'impulsion offensive et la certitude de mettre ses masses en action au point le plus important, ce qui dans la défensive simple n'a jamais lieu.

En effet, si celui qui attend se trouve dans un poste bien choisi, où ses mouvements soient libres, il a l'avantage de voir venir l'ennemi : ses troupes, bien disposées d'avance selon le terrain, et favorisées par des batteries placées de manière à obtenir le plus grand effet, peuvent faire payer cher à leurs adversaires le terrain qui sépare les deux armées; et quand l'assaillant, déjà ébranlé par des pertes sensibles, se trouvera vigoureusement assailli lui-même au moment où il croyait toucher à la victoire, il n'est pas probable que l'avantage demeure de son côté, car l'effet moral d'un pareil retour offensif de la part d'un ennemi qu'on croyait battu, est fait pour ébranler les plus audacieux.

Un général peut donc employer avec le même succès, pour les batailles, le système offensif ou défensif : mais il est indispensable à cet effet :

1° Que, loin de se borner à une défense passive, il sache passer de la défensive à l'offensive quand le moment est venu;

2° Qu'il ait un coup-d'œil sûr et beaucoup de calme;

3° Qu'il commande à des troupes sur lesquelles il puisse compter;

4° Qu'en reprenant l'offensive, il ne néglige point d'appliquer les principes généraux qui auraient présidé à son ordre de bataille s'il eût commencé par être l'agresseur;

5° Qu'il porte ses coups sur les points décisifs.

L'exemple de Bonaparte à Rivoli et à Austerlitz, celui de Wellington à Talavera, à Salamanque et à Waterloo, prouvent ces vérités.

ARTICLE XXXI.

****

Des batailles offensives et des différents ordres de bataille.

On entend par batailles offensives celles que livre une armée qui en assaillit une autre dans sa position (*). Une armée réduite à la défensive stratégique prend souvent l'offensive dans l'attaque, comme l'armée qui recevra l'attaque peut, dans le courant même de la bataille, ressaisir l'initiative et reprendre la supériorité qu'elle procure. L'histoire ne manque pas d'une foule d'exemples pour chacune de ces différentes espèces de bataille. Comme nous avons déjà parlé des dernières à l'article précédent, et que nous y avons présenté l'avantage qu'on peut trouver à attendre l'attaque, nous nous bornerons à parler ici de ce qui concerne les assaillants.

On ne saurait dissimuler que ceux-ci ont, en général, l'avantage que procure la supériorité de

---

(*) Dans toutes les batailles il y a un attaquant et un attaqué, chaque bataille sera donc offensive pour l'un et défensive pour l'autre.

confiance morale, et qu'ils savent presque toujours mieux ce qu'ils veulent et ce qu'ils font.

Dès qu'on a résolu d'assaillir l'ennemi on doit adopter un ordre d'attaque quelconque, et c'est ce que j'ai cru devoir nommer des ordres de bataille. Toutefois il arrive aussi fréquemment que l'on doive commencer la bataille sans un plan arrêté, faute de connaître exactement la position de l'ennemi. Dans l'un et l'autre cas, il faut toujours bien se pénétrer d'avance qu'il y a, dans chaque bataille, un point décisif qui procure la victoire mieux que les autres en assurant l'application des principes de la guerre, et qu'il faut se mettre en mesure de porter ses efforts sur ce point.

Le point décisif d'un champ de bataille se détermine, comme nous l'avons déjà dit, par la configuration du terrain, par la combinaison des localités avec le but stratégique qu'une armée se propose, enfin par l'emplacement des forces respectives.

Donnons un exemple. Lorsqu'une aile ennemie appuie sur des hauteurs d'où l'on battrait sa ligne dans tout son prolongement, l'occupation de ces hauteurs semble le point tactique le plus avantageux; mais il peut se faire néanmoins que ces hauteurs soient d'un accès très difficile et situées précisément au point le moins important relativement aux vues stratégiques. A la bataille de Bautzen, la gauche des alliés appuyait aux montagnes escarpées de la Bohême alors plutôt neutre qu'ennemie; il semblait donc qu'en tactique le versant de ces montagnes dût être le point décisif à emporter, et c'était tout l'opposé, parce que le terrain était là très favorable à la défense, que l'armée alliée n'avait qu'une seule ligne de retraite sur Reichenbach et Gorlitz, et que les Français, en forçant la droite dans la plaine, s'emparaient de cette ligne de retraite et rejetaient l'armée alliée dans les montagnes, où elle eût perdu tout son matériel et une grande partie de son personnel. Ce parti offrait donc plus de facilités de terrain, de plus immenses résultats, moins d'obstacles à vaincre.

De tout ce qui précède on peut je crois déduire les vérités suivantes : 1° La clef topographique d'un champ de bataille n'en est pas toujours la clef tactique; 2° Le point décisif d'un champ de bataille est incontestablement celui qui réunit l'avantage stratégique avec les localités les plus favorables; 3° Dans le cas où il n'y a pas de difficultés de terrain trop redoutables sur le point stratégique de ce champ de bataille, ce point en est ordinairement le plus important; 4° Toutefois, il arrive aussi que la détermination de ce point dépend surtout de l'emplacement des forces respectives : ainsi, dans les lignes de bataille trop étendues et morcelées, le centre sera toujours le plus essentiel à attaquer; dans les lignes serrées, le centre est au contraire le point le plus fort, puisque, indépendamment des réserves qui s'y trouvent, il sera facile de le faire soutenir par les ailes; alors le point décisif serait au contraire sur une des extrémités. Avec une grande supériorité de forces on peut attaquer les deux extrémités en même temps, mais non à forces égales ou inférieures. On voit donc que toutes les combinaisons d'une bataille consistent à employer ses forces de manière à ce qu'elles obtiennent le plus d'action possible sur celui des trois points qui offre plus de chances, point qu'il sera facile de déterminer en le soumettant à l'analyse que nous venons d'exposer.

Le but d'une bataille offensive ne peut être que de déposter et entamer l'ennemi, à moins que par des manœuvres stratégiques l'on ait préparé la ruine entière de son armée : or on déposte l'ennemi soit en culbutant sa ligne sur un point quelconque de son front, soit en la débordant pour la prendre en flancs et à revers, soit en faisant concourir ces deux moyens à la fois, c'est-à-dire par une attaque de front, en même temps qu'une aile agissante doublerait et tournerait la ligne.

Pour atteindre ces divers buts il faut choisir l'ordre de bataille le plus approprié au mode qu'on aura préféré.

On compte au moins douze espèces d'ordres de bataille, savoir : 1° L'ordre parallèle simple; 2° L'ordre parallèle avec un crochet défensif ou offensif; 3° L'ordre renforcé sur une ou deux ailes; 4° L'ordre renforcé sur le centre; 5° L'ordre oblique simple ou bien renforcé sur l'aile assaillante; 6° et 7° L'ordre perpendiculaire sur une ou sur les deux ailes; 8° L'ordre concave; 9° L'ordre convexe; 10° L'ordre échelonné sur une ou sur deux ailes; 11° L'ordre échelonné sur le centre; 12° L'ordre combiné d'une forte attaque sur le centre et sur une des extrémités en même temps. (Voyez planche ci-contre, figures 1 à 12.)

Chacun de ces ordres peut être employé simplement, ou bien être combiné, comme on l'a dit, avec la manœuvre d'une forte colonne destinée à

Ordres de Bataille offensifs et défensifs.

Fig. 1.

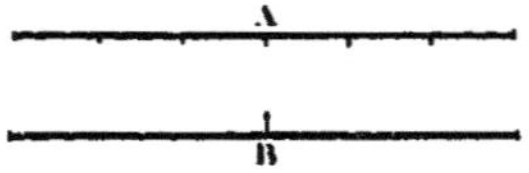

Fig. 2.

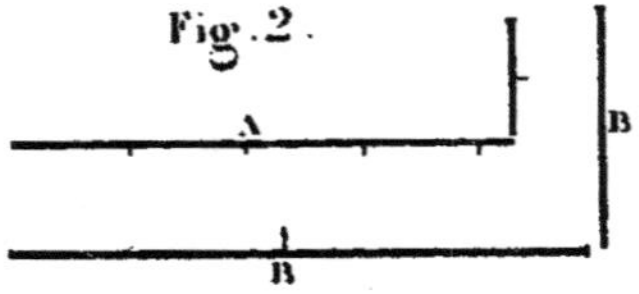

Fig. 3.

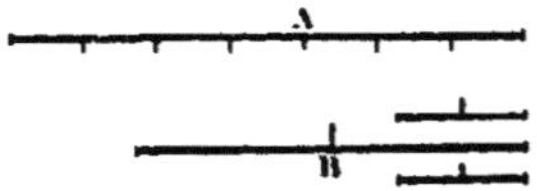

N° 4.

N° 5.

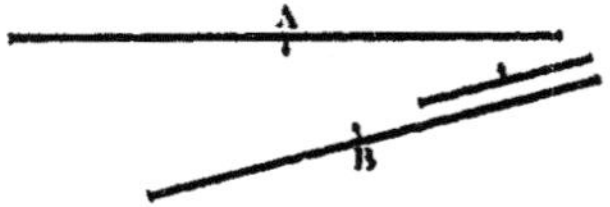

N° 6.

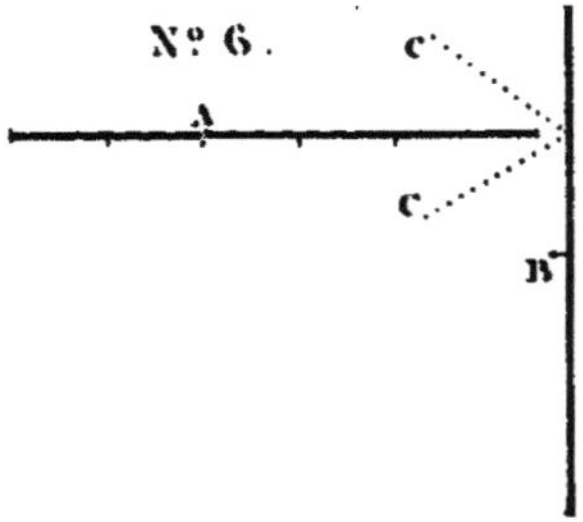

N° 7.

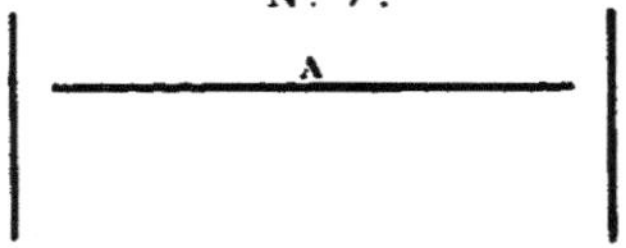

N° 8.

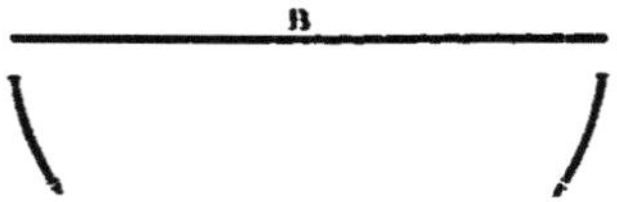

N° 9.

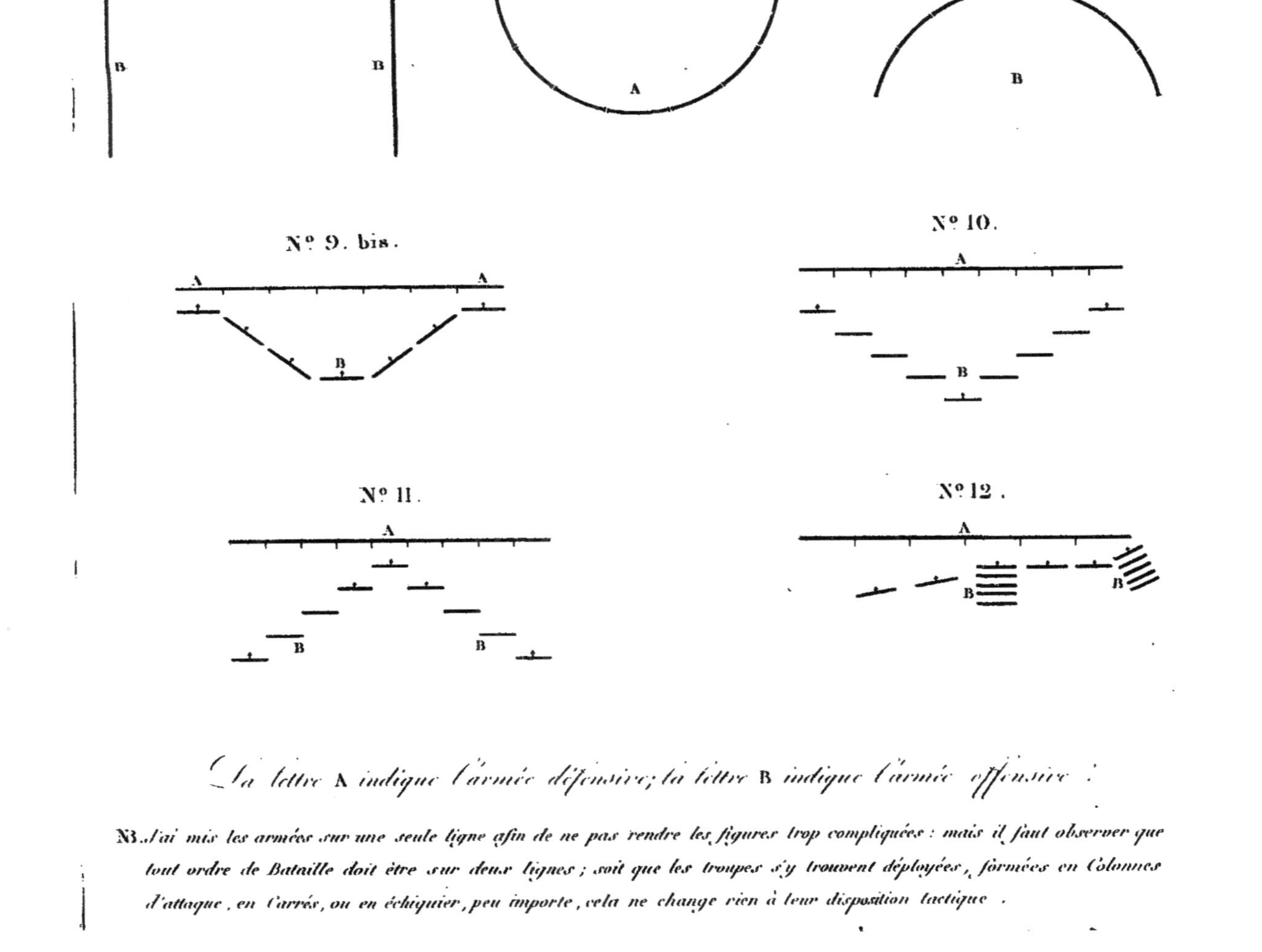

La lettre A *indique l'armée défensive; la lettre* B *indique l'armée offensive :*

NB. *J'ai mis les armées sur une seule ligne afin de ne pas rendre les figures trop compliquées : mais il faut observer que tout ordre de Bataille doit être sur deux lignes ; soit que les troupes s'y trouvent déployées, formées en Colonnes d'attaque, en Carrés, ou en échiquier, peu importe, cela ne change rien à leur disposition tactique.*

tourner la ligne ennemie. Pour juger du mérite de chacun d'eux, il faut s'assurer de leurs rapports avec le principe général que nous avons posé.

On voit, par exemple, que l'ordre parallèle n° 1 est le plus mauvais, car il n'y a aucune habileté à faire combattre les deux partis à chances égales, bataillon contre bataillon : c'est l'absence de toute tactique. Il est néanmoins un cas important dans lequel cet ordre est convenable : c'est lorsqu'une armée, ayant pris l'initiative des grandes opérations stratégiques, aura réussi à se porter sur les communications de son adversaire, et à lui couper sa ligne de retraite tout en couvrant la sienne; alors, quand le choc définitif entre les armées a lieu, celle qui se trouve sur les derrières peut livrer une bataille parallèle, puisqu'ayant fait la manœuvre décisive avant la bataille, tout son but consiste à repousser l'effort de l'ennemi pour s'ouvrir un passage; hormis ce cas, l'ordre parallèle est le moins avantageux. Cela ne veut pas dire néanmoins qu'on ne puisse gagner une bataille en l'adoptant, car il faut bien que quelqu'un la gagne, et l'avantage restera alors à celui qui aura les meilleures troupes, qui saura les engager plus à propos, qui manœuvrera mieux avec ses réserves, ou enfin sera favorisé par le sort.

L'ordre parallèle avec un crochet sur le flanc (fig. 2) se prend plus ordinairement dans une position défensive; il peut toutefois être aussi le résultat d'une combinaison offensive, mais alors il se trouve en avant de la ligne, tandis que dans la défensive il est en arrière. On peut voir, à la bataille de Prague, un des exemples les plus extraordinaires du danger auquel un pareil crochet se trouve exposé lorsqu'il est bien attaqué.

L'ordre parallèle n° 3 renforcé sur une des ailes, ou celui n° 4, renforcé sur le centre pour percer celui de l'ennemi, sont beaucoup plus favorables que les deux précédents, et sont aussi beaucoup plus conformes au principe général que nous avons indiqué, bien qu'à égalité de forces, la partie de la ligne qu'on aurait affaiblie pour renforcer l'autre, pût aussi être compromise si on la plaçait en bataille parallèlement à l'ennemi.

L'ordre oblique n° 5 est celui qui convient le mieux à une armée inférieure qui en attaque une supérieure; car, tout en offrant l'avantage de porter le gros des forces sur un seul point de la ligne ennemie, il en procure deux autres également importants : en effet, on ne refuse pas seulement l'aile affaiblie en la tenant hors des coups de l'ennemi, cette aile remplit encore la double destination de tenir en respect la partie de la ligne qu'on ne veut pas attaquer, et cependant de pouvoir servir de réserve au besoin à l'armée agissante. Cet ordre fut employé par le célèbre Epaminondas aux batailles de Leuctres et de Mantinée; mais nous présenterons le plus brillant exemple des avantages de ce système qui fut donné par Frédéric-le-Grand à la bataille de Leuthen. (Voyez chapitre 7, Traité des grandes opérations.)

L'ordre perpendiculaire sur une ou deux ailes, tel qu'il est présenté aux figures 6 et 7, ne saurait être considéré que comme une formule de théorie pour indiquer la direction tactique sur laquelle on porterait les efforts. Jamais deux armées ne se trouveraient dans des positions relativement perpendiculaires telles qu'on les voit tracées sur la planche; car si l'armée B prenait en effet sa première direction en ligne perpendiculaire sur une ou sur les deux extrémités de l'armée A, celle-ci changerait aussitôt le front d'une partie de sa ligne, et même l'armée B, dès qu'elle aurait atteint ou dépassé l'extrémité, ne manquerait pas de rabattre ses colonnes à droite ou à gauche pour les rapprocher de la ligne ennemie, en sorte que la partie C la prendrait à revers, et qu'il en résulterait deux véritables lignes obliques comme elles sont pointées à la figure 6. On doit inférer de là qu'une seule division de l'armée assaillante se porterait perpendiculairement sur le flanc ennemi, tandis que le reste de cette armée se rapprocherait du front pour l'inquiéter, ce qui ramènerait toujours à une des dispositions obliques indiquées par les figures 5 et 12.

Au demeurant, l'attaque sur deux ailes, quelque forme qu'on lui donne, peut être très avantageuse, mais c'est quand l'assaillant se trouve fort supérieur en nombre; car si le principe fondamental consiste à porter la majeure partie des forces sur le point décisif, une armée inférieure violerait ce principe en formant une double attaque contre une seule masse supérieure; nous démontrerons cette vérité dans le cours de l'ouvrage.

L'ordre concave sur le centre (n° 8) a trouvé des partisans depuis qu'Annibal lui dut la victoire signalée de Cannes. Cet ordre peut être en effet très bon, lorsqu'on le prend par suite des événements de la bataille, c'est-à-dire quand l'ennemi s'engage dans le centre qui cède devant lui, et qu'il se laisse envelopper par les ailes. Mais si on prenait cette formation avant la bataille, l'ennemi, au lieu de se jeter au centre, n'aurait qu'à tomber sur les ailes, qui présenteraient d'elles-mêmes leurs extrémités, et seraient ainsi dans la même situation que si elles se trouvaient assaillies sur un flanc. Aussi ne prend-on guère cette position que contre un ennemi qui serait formé lui-même en ordre convexe pour livrer la bataille, comme on le verra ci-après.

A la vérité une armée formera rarement un demi-cercle, et prendra plutôt une ligne brisée rentrant vers le centre (comme la figure 8 bis); s'il faut en croire plusieurs écrivains, ce fut une disposition pareille qui fit triompher les Anglais aux célèbres journées de Crécy et d'Azincourt. Il est certain que cet ordre vaut mieux qu'un demi-cercle, en ce qu'il ne prête pas autant le flanc, qu'il permet de marcher en avant par échelons, et qu'il conserve avec cela tout l'effet de la concentration du feu. Toutefois ses avantages disparaissent si l'ennemi, au lieu de se jeter follement dans le centre concave, se borne à le faire observer de loin, et se jette avec le gros de ses forces sur une aile seulement. La bataille d'Essling, en 1809, offre encore un exemple de l'avantage d'une ligne concave : mais on ne saurait en inférer que Napoléon fit mal d'attaquer son centre; on ne doit pas juger une armée combattant avec le Danube à dos, et n'ayant pas la faculté de se mouvoir sans découvrir ses ponts, comme si elle avait eu pleine liberté de manœuvrer.

L'ordre convexe saillant au centre (n° 9) se prend pour combattre immédiatement après un passage de fleuve, lorsqu'on est forcé de refuser les ailes pour appuyer au fleuve et couvrir les ponts, ou bien encore lorsqu'on combat défensivement adossé à une rivière pour la repasser et couvrir le défilé comme à Leipzig; enfin on peut le prendre naturellement pour résister à un ennemi qui forme une ligne concave. Si l'ennemi dirigeait son effort sur le saillant ou sur une des extrémités seule, cet ordre entraînerait la ruine de l'armée (*). Les Français le prirent à Fleurus en 1794, et réussirent parce que le prince de Cobourg, au lieu de fondre en forces sur le centre, ou sur une seule extrémité, divisa ses attaques sur cinq ou six rayons divergents, et notamment sur les deux ailes à la fois. Ce fut à peu près dans ce

(*) Une attaque sur les deux extrémités pourrait bien réussir aussi dans quelques circonstances, soit que l'on eût des forces suffisantes pour la tenter, soit que l'ennemi fût hors d'état de découvrir son centre pour soutenir ses ailes. Mais en thèse générale une fausse attaque pour contenir le centre et un grand effort sur une seule extrémité serait surtout la plus favorable contre une pareille ligne convexe.

même ordre convexe qu'ils combattirent à Essling, ainsi qu'aux deuxième et troisième journées de la fameuse bataille de Leipzig : il eut dans ces dernières occasions le résultat infaillible qu'il devait avoir.

L'ordre échelonné sur les deux ailes (n° 10) est dans le même cas que l'ordre perpendiculaire (n° 7); il faut observer néanmoins que les échelons se rapprochant vers le centre où se tiendrait la réserve, cet ordre serait meilleur que le perpendiculaire, puisque l'ennemi aurait moins de facilité, d'espace et de temps, pour se jeter dans l'intervalle du centre et y diriger une contre-attaque menaçante.

L'ordre échelonné sur le centre seulement (n° 11) peut s'employer surtout avec succès contre une armée qui occuperait une ligne morcelée et trop étendue, parce que son centre se trouvant alors isolé des ailes de manière à être accablé séparément, cette armée, coupée ainsi en deux, serait probablement détruite. Mais par l'application du même principe fondamental, cet ordre d'attaque serait moins sûr contre une armée occupant une position unie et serrée ; car les réserves se trouvant ordinairement à portée du centre, et les ailes pouvant agir soit par un feu concentrique, soit en prenant l'offensive contre les premiers échelons, pourraient aisément les repousser.

Si cette formation offre quelque ressemblance avec le fameux coin triangulaire ou *caput porci* des anciens, et avec la colonne de Winkelried; elle en diffère toutefois essentiellement, car au lieu de former une masse pleine, ce qui serait impraticable de nos jours à cause de l'artillerie, elle offrirait au contraire un grand espace vide dans le milieu, qui faciliterait les mouvements. Cette formation, convenable comme on l'a dit pour percer le centre d'une ligne trop étendue, pourrait réussir également contre une ligne qui serait condamnée à l'immobilité; mais si les ailes de la ligne attaquée savent agir à propos contre les flancs des premiers échelons, elle ne serait pas sans inconvénients. Mieux vaudrait peut-être un ordre parallèle considérablement renforcé sur le centre (fig. 4 et 12), car la ligne parallèle, dans ce cas, aurait du moins l'avantage de tromper l'ennemi sur le vrai point de l'effort projeté, et d'empêcher les ailes de prendre en flanc les échelons du centre.

Cet ordre échelonné avait été adopté par Laudon pour l'attaque du camp retranché de Bunzelwitz (Traité des grandes opérations, chapitre 28):

dans un pareil cas il est réellement convenable, puisqu'on est sûr alors que, l'armée défensive étant forcée à demeurer dans ses retranchements, il n'y aurait aucune attaque à redouter de sa part contre les flancs des échelons. Toutefois cette formation ayant l'inconvénient de signaler à l'ennemi le point de la ligne qu'on veut attaquer, il serait indispensable de lancer, sur les ailes, des attaques simulées assez fortes pour donner le change sur le point réel où l'effort serait dirigé.

L'ordre d'attaque en colonnes sur le centre et sur une extrémité en même temps (n° 12) est plus convenable que le précédent, lorsqu'il s'applique surtout à une ligne ennemie contiguë; on peut même dire que de tous les ordres de bataille c'est le plus rationel : en effet, l'attaque sur le centre, secondée par une aile qui déborde l'ennemi, empêche celui-ci de faire comme Annibal et comme le maréchal de Saxe, c'est-à-dire de fondre sur l'assaillant en le prenant en flanc; l'aile ennemie qui se trouvera serrée entre l'attaque du centre et celle de l'extrémité, ayant la presque totalité des masses assaillantes à combattre, sera accablée et probablement détruite. Ce fut la manœuvre qui fit triompher Napoléon à Wagram et à Ligny; ce fut celle qu'il voulut tenter à Borodino, et qui ne lui réussit qu'imparfaitement par l'héroïque défense des troupes de l'aile gauche des Russes, par celle de la division Paskévitch dans la fameuse redoute du centre, puis par l'arrivée du corps de Baggavout sur l'aile qu'il espérait déborder. Enfin il l'employa aussi à Bautzen, où il aurait obtenu des succès inouis, sans un incident qui dérangea la manœuvre de sa gauche, destinée à couper la route de Wurschen, et qui avait déjà tout disposé pour cela.

Nous devons observer que ces différents ordres ne sauraient être pris au pied de la lettre, comme les figures géométriques les indiquent. Un général qui voudrait établir sa ligne de bataille avec la même régularité que sur le papier ou sur une place d'exercice, serait incontestablement trompé dans son attente et battu, surtout d'après la méthode actuelle de faire la guerre. Au temps de Louis XIV, de Frédéric, lorsque les armées campaient sous la tente, presque toujours réunies; lorsqu'on se trouvait plusieurs jours face à face avec l'ennemi, qu'on avait le loisir d'ouvrir des marches ou chemins symétriques pour faire arriver ses colonnes à distances uniformes; alors on pouvait former une ligne de bataille presque aussi régulière que les figures tracées. Mais aujourd'hui que les armées bivouaquent, que leur organisation en plusieurs corps les rend plus mobiles, qu'elles s'abordent à la suite d'ordres donnés hors du rayon visuel et souvent même sans avoir eu le temps de reconnaître exactement la position de l'ennemi, enfin que les différentes armes se trouvent mélangées dans la ligne de bataille; alors tous les ordres dessinés au compas doivent nécessairement se trouver en défaut. Aussi ces sortes de figures n'ont-elles jamais servi qu'à indiquer une disposition approximative; un système.

Si les armées étaient des masses compactes, que l'on pût remuer d'un bloc par l'effet d'une seule volonté et aussi rapidement que la pensée, l'art de gagner les batailles se réduirait à choisir l'ordre de bataille le plus favorable, et l'on pourrait compter sur la réussite des manœuvres combinées avant le combat. Mais il en est tout autrement : la plus grande difficulté de la tactique des batailles sera toujours d'assurer la mise en action simultanée de toutes ces nombreuses fractions qui doivent concourir à l'attaque sur laquelle on fonde l'espoir de la victoire, ou pour mieux dire à l'exécution de la manœuvre capitale qui selon le plan primitif devait amener le succès.

La transmission précise des ordres, la manière dont les lieutenants du général en chef les concevront et les exécuteront ; le trop d'énergie des uns, la mollesse ou le défaut de coup-d'œil des autres, tout cela peut empêcher cette mise en action simultanée, sans parler des accidents fortuits qui peuvent suspendre l'arrivée d'un corps.

De là résultent deux vérités incontestables : la première est que plus une manœuvre décisive sera simple, plus son succès sera certain; la seconde est que l'à-propos des dispositions subites, prises durant le combat, est d'un succès plus probable que l'effet des manœuvres combinées à l'avance, à moins que celles-ci, reposant sur des mouvements stratégiques antérieurs, n'aient amené les colonnes qui doivent décider la bataille sur des points où leur effet serait assuré. Waterloo et Bautzen attestent cette dernière vérité; du moment où Bulow et Blucher furent arrivés à la hauteur de Frichermont rien ne pouvait s'opposer à la perte de la bataille par les Français; ils ne pouvaient lutter que pour rendre la défaite plus ou moins complète. De même à Bautzen, dès que Ney fut arrivé à Klix, la retraite des alliés dans la nuit du 20 mai eût seule pu les sauver, car le 21 il n'était déjà plus temps; et si Ney eût mieux exécuté ce qu'on lui conseillait, la victoire eût été immense.

Quant aux manœuvres pour enfoncer une ligne, en comptant sur la coopération de colonnes parties du même front que le reste de l'armée à l'effet d'opérer de larges mouvements circulaires autour d'une aile ennemie, leur réussite est toujours douteuse, car elle dépend d'une précision de calcul et d'exécution qui se rencontre rarement; nous en parlerons à l'article 32.

Indépendamment de la difficulté de compter sur l'application exacte d'un ordre de bataille prémédité d'avance, il arrive souvent que les batailles commencent sans but déterminé même de la part de l'assaillant, quoique le choc fût prévu. Cette incertitude résulte, ou des précédents de la bataille, ou du défaut de connaissance de la position de l'ennemi et de ses projets, ou enfin de l'attente d'une portion de l'armée qui serait encore en arrière.

De là beaucoup de gens ont conclu contre la possibilité de réduire les formations d'ordres de bataille en systèmes divers, et contre l'influence que l'adoption de tel ou tel autre de ces ordres pourrait exercer sur l'issue d'un combat; conclusion fausse, à mon avis, même dans les cas précités. En effet, dans ces batailles commencées sans plan arrêté, il est probable qu'au début de l'action les armées se trouveront en lignes à peu près parallèles, plus ou moins renforcées sur l'un ou l'autre point; le défenseur ignorant de quel côté éclatera l'orage, tiendra une bonne partie de ses forces en réserve pour parer aux événements; celui qui a résolu d'attaquer en fera d'abord autant pour avoir ses masses disponibles; mais dès que l'assaillant aura reconnu le point sur lequel il se décidera à porter ses coups, alors ses masses seront dirigées, soit sur le centre, soit sur une des ailes, soit sur l'un et l'autre en même temps. Or, quoi qu'il arrive, il en résultera toujours approximativement une des dispositions formulées par les diverses figures de la planche qui précède. Même dans les rencontres imprévues il en arriverait autant, ce qui démontrera, j'espère, que cette classification des divers systèmes ou ordres de bataille n'est ni chimérique ni inutile.

En effet, il n'y a pas jusqu'aux batailles de Napoléon qui ne prouvent cette assertion, bien qu'elles soient moins que toutes les autres susceptibles d'être figurées par des lignes tracées au compas; on voit par exemple qu'à Rivoli, Austerlitz, Ratisbonne, il concentre ses forces au centre pour épier le moment de tomber sur celui de l'ennemi. Aux Pyramides il forme une ligne oblique en carrés échelonnés; à Essling, à Leipzig, à Brienne, il présente une espèce d'ordre convexe à peu près pareil à la figure 7. A Wagram, on le voit adopter un ordre tout semblable à la figure 12, portant deux masses sur son centre et sa droite, en refusant la gauche, ce qu'il voulut répéter à Borodino comme à Waterloo, avant l'arrivée des Prussiens. A Eylau, quoique la rencontre fût presque imprévue à cause du retour offensif bien inopiné de l'armée russe, il déborda la gauche presque perpendiculairement, tandis que d'un autre côté il cherchait à enfoncer le centre, mais il n'y eut pas simultanéité dans ces attaques, celle du centre étant déjà repoussée à onze heures, tandis que Davoust ne donna vivement sur la gauche que vers une heure.

A Dresde il attaqua par les deux ailes, pour la première fois peut-être de sa vie, parce que son centre était abrité par une place et un camp retranché; outre cela l'attaque de sa gauche était combinée avec celle de Vandamme sur la ligne de retraite des alliés.

A Marengo, s'il faut s'en rapporter à Napoléon lui-même, l'ordre oblique qu'il prit en appuyant sa droite à Castel Ceriole, le sauva d'une défaite presque inévitable. Ulm et Jéna furent des batailles gagnées stratégiquement, avant même d'être livrées, et la tactique n'y eut que peu de part ;. à Ulm il n'y eut pas même de bataille.

Je crois donc pouvoir en conclure que, s'il paraît absurde de vouloir figurer sur le terrain des ordres de bataille rectilignes tels qu'ils sont tracés sur un dessin, un général habile peut néanmoins facilement recourir à des dispositions qui produiraient une répartition des masses agissantes, pareille à très peu de chose près à ce qu'elle eût été dans l'un ou l'autre des ordres de bataille indiqués. Il devra s'appliquer dans ces dispositions, soit prévues soit improvisées, à juger sainement du point important du champ de bataille, ce qu'il pourra faire en saisissant les rapports de la ligne ennemie avec les directions stratégiques décisives; il portera alors son attention et ses efforts sur ce point, en employant un tiers de ses forces à contenir ou à observer l'ennemi, puis en jetant les deux autres tiers sur le point dont la possession serait le gage de la victoire. Agissant ainsi, il aura rempli toutes les conditions que la science de la grande tactique peut imposer au plus habile capitaine; il aura obtenu l'application la plus parfaite des principes de l'art. Nous avons déjà indiqué au chapitre précédent (art. 19) le moyen de reconnaître aisément ces points décisifs.

Depuis que j'ai donné la définition des douze ordres de bataille susmentionnés, il m'est venu à la pensée de répondre à quelques assertions des mémoires de Napoléon publiés par le général Montholon, qui se rapportent à ce sujet :

Le grand capitaine semble supposer que l'ordre oblique soit une conception moderne, une utopie inapplicable, ce que je conteste également, car l'ordre oblique est aussi ancien que Thèbes et Sparte, et je l'ai vu appliquer sous mes yeux ; ces assertions paraîtront d'autant plus étonnantes que Napoléon, comme nous venons de le dire, s'est vanté lui-même d'avoir appliqué avec succès, à Marengo, ce même ordre dont il nie l'existence.

Si on prenait le système oblique dans le sens absolu que lui donnait le général Ruchel à l'académie de Berlin, certes Napoléon aurait raison de le regarder comme une hyperbole ; mais je le répéterai, une ligne de bataille ne fut jamais une figure géométrique parfaite ; et si l'on s'est servi de pareilles figures dans des discussions de tactique, ce ne fut que pour formuler une idée et l'expliquer par un symbole. Il est certain néanmoins que toute ligne de bataille qui ne serait ni parallèle ni perpendiculaire à celle de l'ennemi, serait forcément oblique. Or si une armée attaque une extrémité de l'ennemi, en renforçant l'aile chargée de l'attaque et refusant l'aile affaiblie, la direction de sa ligne sera réellement un peu oblique, puisqu'une extrémité sera plus éloignée de la ligne ennemie que l'autre. L'ordre oblique est si peu une chimère, que tout ordre échelonné sur une aile sera toujours oblique (pl. 2, fig. 10). Or j'ai vu plus d'un combat ainsi échelonné.

Pour les autres figures tracées sur la même planche, on ne saurait contester qu'à Essling, ainsi qu'à Fleurus, la disposition générale des Autrichiens ne fût concave, et celle des Français convexe. Mais ces deux ordres peuvent former des lignes parallèles aussi bien que deux lignes droites : or ces ordres seraient en système parallèle si au-aucune partie de la ligne n'était plus renforcée ni plus rapprochée de l'ennemi que l'autre.

Laissons là du reste toutes les figures de géométrie, et reconnaissons que la véritable théorie scientifique des batailles se bornera toujours aux points suivants :

1° L'ordre de bataille offensif doit viser à déposter l'ennemi de sa position par tous les moyens rationnels;

2° Les manœuvres que l'art indique sont d'accabler une aile seulement, ou bien le centre et une aile en même temps. On peut aussi déloger l'ennemi par des manœuvres pour le déborder et le tourner;

3° On réussira d'autant mieux dans ces entreprises si l'on parvient à les cacher à l'ennemi jusqu'au moment de l'assaillir;

4° Attaquer le centre et les deux ailes en même temps, sans avoir des forces très supérieures, serait une absence totale de l'art, à moins qu'on ne renforçât considérablement l'une des attaques, en évitant de compromettre les autres;

5° L'ordre oblique n'est autre chose qu'une disposition tendant à réunir la moitié au moins de ses forces pour accabler une aile, en tenant l'autre fraction hors de portée de l'ennemi, soit par des échelons, soit par la direction inclinée de la ligne (**Fig. 5 et 12, pl. 2**);

6° Les diverses formations convexes, concaves, perpendiculaires, etc., présentent toutes la double combinaison d'attaques parallèles ou renforcées sur une portion de la ligne ennemie;

7° La défense devant vouloir le contraire de l'attaque, les dispositions d'un ordre défensif doivent avoir pour but, de multiplier les difficultés de l'approche, puis de se ménager de fortes réserves bien cachées, pour tomber, au moment décisif, là où l'ennemi croirait ne trouver qu'un point faible;

8° Le meilleur mode à employer pour contraindre une ligne ennemie à quitter sa position est difficile à déterminer d'une manière absolue. Tout ordre de bataille ou de formation, qui saurait allier les avantages du feu à ceux de l'impulsion d'attaque et de l'effet moral qu'elle produit, serait un ordre parfait. Un mélange habile de lignes déployées et de colonnes, agissant alternativement selon l'opportunité des circonstances, sera toujours un bon système. Quant à son application pratique, le coup-d'œil du chef, le moral des officiers et soldats, leur instruction à toutes sortes de manœuvres et aux feux, les localités ou la nature du terrain, influeront toujours beaucoup sur les variantes qui se présenteraient;

9° Le but essentiel d'une bataille offensive étant de forcer l'ennemi dans sa position, et surtout de l'entamer aussi fortement que possible, on devra bien ordinairement compter sur l'emploi de la force matérielle comme sur le moyen le plus efficace d'y parvenir. Toutefois il arrive aussi que les chances de l'emploi seul de la force seraient tellement douteuses, que l'on réussirait plus facilement par des manœuvres tendant à déborder et à tourner celle des ailes qui serait la plus voisine de la ligne de retraite de l'ennemi, ce qui le déciderait à un mouvement rétrograde de peur d'être coupé.

L'histoire fourmille d'exemples de la réussite de pareilles manœuvres, surtout contre des généraux d'un caractère faible : et bien que les victoires obtenues par ce moyen seulement soient moins décisives, et que l'armée ennemie n'y soit jamais sérieusement entamée, il suffit de ces demi-succès pour prouver qu'on ne doit point négliger de telles manœuvres, et qu'un général habile doit savoir les employer à propos, et surtout les combiner autant que possible avec les attaques de vive force;

10° La réunion de ces deux moyens, c'est-à-dire l'emploi de la force matérielle sur le front, secondé par une manœuvre tournante, donnera plus sûrement la victoire que si l'on se bornait à les employer séparément; mais dans l'un et l'autre cas il faut se garder des mouvements trop décousus, en face d'un ennemi tant soit peu respectable;

11° Les divers moyens d'enlever une position de l'ennemi, c'est-à-dire d'enfoncer sa ligne et de la forcer à la retraite par l'usage de la force matérielle, sont, de l'ébranler d'abord par l'effet d'un feu supérieur d'artillerie, d'y mettre ensuite un peu de confusion par une charge de cavalerie lancée bien à propos, puis d'aborder finalement cette ligne ainsi ébranlée, avec des masses d'infanterie précédées de tirailleurs et flanquées de quelques escadrons (*).

Cependant en admettant le succès d'une attaque si bien combinée contre la première ligne, restera encore à vaincre la seconde, et même la réserve : or c'est ici que les embarras de l'attaque deviendraient plus sérieux, si l'effet moral de la défaite de la première ligne n'entraînait pas souvent la retraite de la seconde, et ne faisait pas perdre la présence d'esprit au général attaqué.

En effet, malgré leur premier succès, les troupes assaillantes seront aussi un peu désunies de leur côté ; il sera souvent très difficile de les remplacer par celles de la seconde ligne, non seule-

---

(*) Au moment où je me décide à réimprimer cet article, je reçois une brochure du général Okounieff sur l'emploi de l'artillerie pour rompre une ligne : j'en dirai quelque mots à l'art. 46.

ment parce que celles-ci ne suivent pas toujours la marche des masses agissantes jusque sous le feu de mousqueterie, mais surtout parce qu'il est toujours embarrassant de remplacer une division par une autre au milieu même du combat, et à l'instant où l'ennemi réunirait ses plus grands efforts pour repousser l'attaque.

Tout porte donc à croire que, si les troupes et le général de l'armée défensive faisaient également bien leur devoir et déployaient une égale présence d'esprit, s'ils n'étaient point menacés sur leurs flancs et leur ligne de retraite, l'avantage du second choc serait presque toujours de leur côté : mais pour cela il faut qu'ils saisissent, d'un coup-d'œil sûr et rapide, l'instant où il convient de lancer la seconde ligne et la cavalerie sur les bataillons victorieux de l'adversaire; car quelques minutes perdues peuvent devenir irréparables, au point que les troupes de la seconde ligne seraient entraînées avec celles de la première;

12° De ce qui précède il résulte pour l'attaquant la vérité suivante : « C'est que le plus difficile « comme le plus sûr de tous les moyens de réussir, « c'est de bien faire soutenir une ligne engagée par « les troupes de la seconde ligne, et celles-ci par « la réserve; puis de bien calculer l'emploi des

« masses de cavalerie et celui des batteries, pour « faciliter et seconder le coup de collier décisif « contre la seconde ligne ennemie, car ici se pré- « sente le plus grand de tous les problèmes de la « tactique des batailles. »

C'est dans cet acte important que la théorie devient difficile et incertaine, parce qu'elle se trouve alors insuffisante et qu'elle n'égalera jamais le génie naturel de la guerre, ni le coup-d'œil instinctif que donnera la pratique des combats à un général brave et d'un sang-froid éprouvé.

L'emploi simultané du plus grand nombre de forces possible, de toutes les armes combinées, sauf une petite réserve de chacune d'elles qu'il convient d'avoir toujours sous la main (*), sera donc, au moment décisif de la bataille, le problème que tout général habile s'appliquera à résoudre et qui devra faire sa règle de conduite. Or ce moment décisif est bien ordinairement celui où la première ligne de l'un des partis serait enfoncée,

(*) Les grandes réserves doivent naturellement aussi être engagées quand il le faut, mais il est bon d'en garder toujours deux ou trois bataillons et cinq à six escadrons sous la main. Le général Moreau décida la bataille d'Engen avec quatre compagnies du 58e régiment, et on sait ce que le 9e léger et la cavalerie de Kellermann firent à Marengo.

et où tous les efforts des deux adversaires tendraient, soit à compléter la victoire, soit à l'arracher à l'ennemi. Il n'est pas besoin de dire que pour rendre ce coup décisif plus sûr et plus efficace, une attaque simultanée sur un flanc de l'ennemi serait du plus puissant effet.

13° Dans la défensive, le feu de mousqueterie jouera toujours un plus grand rôle que dans l'offensive, où il s'agit de marcher si l'on veut enlever une position; or marcher et tirer sont deux choses que des tirailleurs seuls peuvent faire en même temps : il faut y renoncer pour les masses principales. Le but du défenseur n'étant pas d'enlever des positions, mais de rompre et mettre en désordre les troupes qui s'avancent contre lui, l'artillerie et la mousqueterie seront les armes naturelles de sa première ligne; puis, quand l'ennemi serrera celle-ci de trop près, il faudra lancer sur lui les colonnes de la seconde avec une partie de la cavalerie; tout porte à croire qu'on le repoussera.

Je ne saurais, sans entrer dans de vagues théories, qui dépasseraient d'ailleurs les bornes de ce tableau, rien dire de plus sur les batailles, si ce n'est d'offrir un aperçu des combinaisons de la formation et de l'emploi des trois armes, ce qui fera le sujet du chapitre VII.

Quant aux détails d'application et d'exécution des divers ordres de bataille, on ne peut rien recommander de plus complet que l'ouvrage du marquis de Ternay; c'est la partie remarquable de son livre. Et sans croire que tout ce qu'il indique puisse se pratiquer en présence de l'ennemi, encore est-il juste de convenir que c'est le meilleur ouvrage de tactique qu'on ait publié en France jusqu'à ce jour.

ARTICLE XXXII.

Des manœuvres pour tourner et des mouvements trop étendus dans les batailles.

Nous avons parlé, à l'article précédent, des manœuvres entreprises pour tourner l'ennemi un jour de bataille, et de l'avantage qu'on pouvait en espérer. Il nous reste quelques mots à dire sur les mouvements trop étendus auxquels ces manœuvres donnent souvent lieu, et qui ont fait échouer tant de projets en apparence bien concertés.

En principe, tout mouvement assez large pour donner à l'ennemi le temps de battre isolément la moitié de l'armée pendant qu'il s'opère, est un mouvement décousu et dangereux. Cependant, comme le danger qui peut en résulter dépend du coup-d'œil rapide et sûr de l'adversaire, ainsi que de son système de guerre accoutumé, on comprend facilemeut pourquoi tant de manœuvres pareilles ont échoué contre les uns, et réussi contre les autres, et pourquoi tel mouvement, qui eût été trop étendu devant Frédéric, Napoléon ou

Wellington, eut un plein succès contre des généraux médiocres, manquant de tact pour ressaisir l'initiative, ou habitués eux-mêmes à des mouvements décousus.

Il paraît donc assez difficile de tracer une règle de conduite absolue; il n'en existe guère d'autre que celle « de tenir le gros de ses forces sous la « main pour les faire agir au moment opportun, « mais sans tomber dans l'excès contraire de les « trop entasser : on sera sûr alors d'être toujours « en mesure de parer aux évènements. Mais si l'on « a affaire à un adversaire peu habile, ou enclin à « trop s'étendre, on peut alors oser davantage. »

Quelques exemples pris dans l'histoire seront les meilleures explications pour rendre ces vérités plus sensibles, et faire juger la différence qui existe dans les résultats de pareils mouvements, selon l'armée et le général avec lesquels on doit se mesurer.

On a vu dans la guerre de sept ans, Frédéric gagner la bataille de Prague, parce que les Autrichiens avaient laissé un faible intervalle de 5 à 600 toises entre leur droite et le reste de leur armée, et parce que ce reste de l'armée demeurait immobile, pendant que la droite était accablée : cette inaction était d'autant plus extraordinaire que la gauche des Impériaux avait beaucoup moins de chemin à faire pour secourir les siens, que Frédéric pour atteindre la droite, dont la position formant un crochet, l'obligeait à un mouvement demi-circulaire.

Frédéric faillit au contraire perdre la bataille de Torgau pour avoir fait, avec sa gauche, un mouvement trop large et décousu (près de deux lieues), à l'effet de tourner la droite du maréchal Daun (*). L'affaire fut rétablie par un mouvement concentrique de la droite du roi, que Mollendorf amena sur les hauteurs de Siptitz pour se réunir à lui.

La bataille de Rivoli fut du nombre des classiques de ce genre : chacun sait qu'Alvinzy et son chef d'état-major Weyrother voulurent entourer la petite armée de Napoléon, concentrée sur le plateau de Rivoli, on sait aussi que leur centre fut battu pendant que la gauche était entassée dans le ravin de l'Adige, et que Lusignan, avec la droite, gagnait par un long circuit les derrières de l'armée française, où il fut bientôt entouré et pris. Le beau plan et les relations que j'en ai publiés, sont

---

(*) Voyez pour ces deux batailles chapitres 2 et 25 du Traité des grandes opérations militaires.

la meilleure étude que l'on puisse faire sur cette espèce de batailles.

Personne ne peut avoir oublié la journée de Stockach, où le général Jourdan eut la malheureuse idée de faire attaquer une armée réunie de 60 mille combattants, par trois petites divisions de 7 à 8 mille hommes distantes entre elles de plusieurs lieues, tandis que Saint-Cyr, avec le tiers de l'armée (13 mille hommes), devait courir au-delà du flanc droit à quatre lieues sur les derrières de ces 60 mille hommes, qui ne pouvaient manquer d'être victorieux de ces fractions morcelées et de prendre celle qui voulait les couper, sort auquel Saint-Cyr échappa par un miracle.

On se rappelle comment le même général Weyrother, qui avait voulu entourer Napoléon à Rivoli, prétendit en faire autant à Austerlitz, malgré la sévère leçon qu'il avait reçue sans profit pour lui. On sait comment la gauche des alliés, voulant déborder la droite de Napoléon pour lui couper le chemin de Vienne (où il ne voulait pas retourner) par un mouvement circulaire de près de deux lieues, laissa un vide d'une demi-lieue dans la ligne, dont Napoléon profita pour tomber sur le centre isolé, et entourer ensuite cette gauche, enfournée entre les lacs de Tellnitz et de Melnitz.

Enfin on sait aussi comment Wellington gagna la bataille de Salamanque par une manœuvre à peu près semblable, parce que la gauche de Marmont, qui voulait lui couper la route du Portugal, laissa une lacune d'une demi-lieue, dont le général anglais profita pour battre cette aile dénuée de soutien.

Les relations de dix guerres que j'ai publiées, sont pleines de pareils exemples, dont il serait superflu de multiplier ici le nombre, puisqu'il ne saurait rien ajouter à ce que nous venons de dire pour faire juger le danger, non-seulement des manœuvres tournantes, mais encore de toute lacune laissée dans la ligne de bataille, lorsqu'on doit combattre un ennemi habitué à jouer un jeu serré.

On jugera facilement, que si Weyrother avait eu affaire à Jourdan, à Rivoli comme à Austerlitz, il eût peut être ruiné l'armée française au lieu d'essuyer lui-même une défaite totale. Car le général qui attaqua à Stockach une masse de 60 mille hommes avec quatre *petits paquets* isolés et hors d'état de se seconder, n'aurait pas su profiter du mouvement trop large tenté contre lui. De même Marmont joua de malheur à Salamanque en ayant à lutter contre un adversaire dont le mérite le plus reconnu était un coup-d'œil tactique éprouvé et rapide : devant le duc de York ou Moore il eût probablement réussi.

Parmi les manœuvres tournantes qui ont réussi de nos jours, Waterloo et Hohenlinden furent celles qui eurent les plus brillants résultats ; mais la première fut presqu'un mouvement stratégique et accompagné d'une foule de circonstances heureuses, dont le concours se présente rarement. Quant à Hohenlinden, on chercherait vainement dans l'histoire militaire d'autre exemple qu'une seule brigade aventurée dans une forêt au milieu de 50 mille hommes, y produise tous les miracles que Richepanse opéra dans ce coupe-gorge de Matenpœt, où il était bien plus probable qu'il dût poser les armes.

A Wagram, l'aile tournante de Davoust eut une grande part au succès de la journée ; mais si l'attaque vigoureuse, exécutée sur le centre par Macdonald, Oudinot et Bernadotte, ne l'avait pas secondée à propos, il n'est pas certain qu'il en eût été de même.

Tant d'exemples de résultats opposés pourraient faire conclure qu'il n'y a aucune règle à donner sur cette matière, mais ce serait à tort, car il me paraît au contraire évident : « Qu'en adoptant en « géneral un système de batailles bien serré, et

« bien lié, on se trouvera en mesure de parer à tous « les événements, et on donnera peu au hazard : « mais qu'il importe néanmoins avant tout, de « bien juger l'ennemi que l'on doit combattre, afin « de mesurer la hardiesse des entreprises d'après « le caractère et le système qu'on lui connaîtra.

« Qu'en cas de supériorité numérique on peut, « aussi bien que dans celui de supériorité morale, « tenter des manœuvres, qui, à égalité de forces « numériques et de capacité dans les chefs, se- « raient imprudentes.

« Qu'une manœuvre pour déborder et tourner « une aile doit être liée aux autres attaques, et « soutenue à temps par un effort que le reste de « l'armée ferait sur le front de l'ennemi, soit « contre l'aile tournée soit contre le centre.

« Enfin, que les manœuvres stratégiques pour « couper une armée de ses communications avant « la bataille, et l'attaquer ainsi à revers sans « perdre sa propre ligne de retraite, sont d'un « effet bien plus sûr et bien plus grand, et de plus, « ne nécessitent aucune manœuvre décousue dans « le combat. »

Au demeurant, en voilà assez sur le chapitre des batailles combinées; il est temps de passer à celles qui sont imprévues.

ARTICLE XXXIII.

....

Rencontre de deux armées en marche.

C'est un des actes les plus dramatiques de la guerre que celui qui résulte de cette sorte de rencontre imprévue de deux armées.

Dans la plupart des batailles il arrive qu'un des partis attend l'ennemi dans un poste déterminé d'avance, et que l'autre armée va l'y attaquer, après avoir reconnu cette position aussi bien que la chose est possible. Mais il arrive aussi fréquemment, surtout dans le système moderne, et dans les retours offensifs de l'un des partis, que deux armées marchent l'une sur l'autre, avec l'intention réciproque de s'attaquer sans le savoir : alors il en résulte une espèce de surprise respective, car les deux partis sont également déçus dans leurs combinaisons, puisqu'ils trouvent l'ennemi là où ils ne s'attendaient nullement à le rencontrer. Enfin il est aussi des cas où l'une des deux armées se laisse attaquer en marche par son adversaire qui lui prépare cette surprise, comme cela arriva aux Français à Rosbach.

C'est dans ces grandes occasions que se déploie tout le génie d'un habile général, d'un guerrier capable de dominer les évènements ; c'est là où l'on reconnaît le cachet du grand capitaine. Il est toujours possible de gagner une bataille avec de braves troupes, sans que le chef de l'armée puisse s'arroger la moindre part aux succès de la journée, mais une victoire comme celles de Lutzen, de Luzzara, d'Eylau, d'Abensberg, ne peut être que le résultat d'un grand caractère joint à une grande présence d'esprit et à de sages combinaisons.

Il y a trop de hazard et trop de poésie dans ces sortes de rencontres, pour qu'il soit aisé de donner des maximes positives sur ces batailles fortuites ; toutefois c'est dans ce cas principalement qu'il importe d'être bien pénétré du principe fondamental de l'art, et des différentes manières de l'appliquer, afin de faire tendre à ce but toutes les manœuvres qu'on sera dans le cas d'ordonner à l'instant même, et au milieu du fracas des armes. Ce que nous avons dit des manœuvres improvisées, à l'article 31, est donc la seule règle à donner pour ces circonstances imprévues ; il suffira de les combiner avec les antécédents et avec la situation physique et morale des deux partis.

Deux armées marchant, comme elles le faisaient jadis, avec tout l'attirail du campement, et se rencontrant à l'improviste, n'auraient sans doute rien de mieux à faire qu'à déployer d'abord leurs avant-gardes à droite ou à gauche des routes qu'elles parcourent. Mais chacune d'elles devrait en même temps masser le gros de ses forces, pour le lancer ensuite dans une direction convenable, selon le but qu'elle aurait en vue; on commettrait une faute grave en voulant déployer toute l'armée derrière l'avant-garde, parce que, dans le cas même où l'on y parviendrait, ce ne serait jamais que la formation d'un ordre parallèle défectueux, et si l'ennemi poussait l'avant-garde un peu vigoureusement, il pourrait en résulter la déroute des troupes qui seraient en mouvement pour se former. (Voyez la bataille de Rosbach, Traité des grandes opérations.)

Dans le système moderne, avec des armées plus mobiles, marchant sur plusieurs routes, et formant autant de fractions capables d'agir indépendamment les unes des autres, ces déroutes seront moins à craindre, mais les principes restent les mêmes. Il faut toujours arrêter et former l'avant-garde, puis réunir le gros de ses forces sur le point convenable, d'après le but qu'on se proposait en se mettant en marche; quelles que puissent être les manœuvres de l'ennemi, on se trouvera ainsi en mesure de parer à tout.

ARTICLE XXXIV.

****

Des surprises d'armées.

Nous n'entendons pas examiner ici ces petites surprises de détachements qui constituent la guerre des partisans ou des troupes légères, et pour lesquelles la cavalerie légère russe et turque ont tant de supériorité. Nous voulons parler des surprises d'armées entières.

Avant l'invention des armes à feu, les surprises étaient plus faciles, car la détonation de l'artillerie et de la mousqueterie ne permet guère aujourd'hui de surprendre entièrement une armée, à moins qu'elle n'oublie les premiers devoirs du service, et ne laisse arriver l'ennemi au milieu de ses rangs, faute d'avant-postes qui fassent leur devoir. La guerre de sept ans offre la mémorable surprise de Hochkirch, comme un exemple assez digne d'être médité; elle prouve que la surprise ne consiste pas positivement à tomber sur des troupes endormies et mal gardées, mais aussi à combiner une attaque sur une de leurs extrémités de manière à les surprendre et à les déborder en même temps. En effet, il ne s'agit point de chercher à prendre l'ennemi tellement en défaut qu'on puisse fondre sur des hommes isolés dans leurs tentes, mais bien d'arriver avec ses masses, sans être aperçu, sur le point où l'on désirerait d'assaillir l'ennemi avant qu'il ait le temps de faire des contre-dispositions.

Depuis que les armées ne campent plus sous la tente, les surprises combinées d'avance sont plus rares et plus difficiles, car pour les préméditer, il faut savoir au juste la situation du camp ennemi. A Marengo, à Lutzen, à Eylau, il y eut comme des espèces de surprises, mais ce n'étaient au fond que des attaques inattendues auxquelles on ne peut pas donner ce nom. La seule grande surprise que nous puissions citer, est celle de Taroutin en 1812, où Murat fut assailli et battu par Benningsen : pour justifier son défaut de prudence, Murat allégua qu'il se reposait sur un armistice tacite; mais il n'existait aucune convention pareille, et il se laissa suprendre par une négligence impardonnable.

Il est évident que la manière la plus favorable d'attaquer une armée, c'est de tomber un peu avant le jour sur son camp, au moment où elle ne s'attend à rien de pareil; le trouble y sera inévitable.

et si l'on joint à cet avantage celui de bien connaître les localités, et de donner à ses masses une direction tactique et stratégique convenable, on peut se flatter d'une victoire complète, à moins d'évènements imprévus. C'est une opération de guerre qu'il ne faut point mépriser, quoiqu'elle soit plus rare et moins brillante que de grandes combinaisons stratégiques, qui assurent la victoire pour ainsi dire avant d'avoir combattu.

Par la même raison qu'il faut profiter de toutes les occasions de surprendre son adversaire, il faut aussi prendre toutes les précautions nécessaires pour se mettre à l'abri de pareilles entreprises. Les réglements de tous les pays y ont pourvu, il n'y a qu'à les suivre exactement.

ARTICLE XXXV.

De l'attaque de vive force des places, des camps retranchés ou des lignes. Des coups de main en général.

Il existe maintes places de guerre qui, sans être des forteresses régulières, sont réputées à l'abri d'un coup de main, et qui sont pourtant susceptibles d'être enlevées par escalade, soit d'emblée, soit par des brèches encore peu praticables dont l'escarpement exigerait toujours l'emploi d'échelles ou autres moyens d'arriver au parapet.

L'attaque de ces sortes de postes présente à peu près les mêmes combinaisons que celle des camps retranchés, car elle rentre comme celle-ci dans la catégorie des grands coups de main.

Ces sortes d'attaques varient naturellement selon les circonstances : 1; de la force des ouvrages, 2; de la nature du terrain sur lequel ils sont assis, 3; de leur liaison ou de leur isolement, 4; de l'état moral des deux partis. L'histoire ne manque pas d'exemples pour toutes les espèces :

Par exemple, les camps retranchés de Kehl, de Dresde, de Varsovie; les lignes de Turin, et de Mayence; les forts retranchements de Feldkirch, de Scharnitz, de l'Assiette; voilà dix évènements dont les données varient comme les résultats. A Kehl (1796), les retranchements étaient plus liés et mieux achevés qu'à Varsovie; c'était presque une tête de pont en fortification permanente, car l'Archiduc crut devoir leur faire les honneurs d'un siège régulier, et dans le fait il ne pouvait pas penser à les attaquer de vive force sans courir de gros risques. A Varsovie, les ouvrages se trouvaient isolés, mais cependant d'un relief très respectable, et ils avaient pour réduit une grande ville ceinte de murailles crénelées, armées, et défendues par une troupe de désespérés.

Dresde avait pour réduit, en 1813, une enceinte bastionnée, mais dont un front déjà démantelé n'était couvert que d'un parapet de campagne; le camp proprement dit ne se composait que de simples redoutes très éloignées, et d'une exécution fort incomplète, le réduit seul en faisait la force (*).

(*) A Dresde, le nombre des défenseurs était le premier jour (25 août) de 24 mille hommes; le lendemain, il y en avait déjà 65 mille, et le troisième jour au-delà de 100 mille.

A Mayence et à Turin, c'étaient des lignes de circonvallation continues ; mais si les premières étaient fortement tracées on ne saurait en dire autant des dernières, qui, sur un des points importants, n'offraient qu'un méchant parapet de trois pieds au-dessus du sol, et un fossé proportionné. De plus, à Turin, les lignes, tournées et attaquées du dehors, se trouvèrent prises entre deux feux, puisqu'une forte garnison les attaqua à revers au moment où le prince Eugène les assaillit du côté de leur ligne de retraite. A Mayence elles furent attaquées de front, un mince détachement seul déborda la droite.

Les mesures tactiques à prendre dans ces sortes d'attaques contre des ouvrages de campagne, sont en petit nombre. Si l'on croit pouvoir tenter la surprise d'un ouvrage en l'attaquant un peu avant le jour, rien de plus naturel que de l'essayer; mais si cette opération est la plus recommandable pour un poste détaché, il est difficile de supposer qu'une armée établie dans un grand camp retranché, en présence de l'ennemi, fasse assez mal son devoir pour se laisser surprendre; d'autant plus que la règle de tous les services est de se mettre sous les armes dès l'aube du jour. Comme il est donc probable qu'on en viendra toujours à une attaque de vive force, il résulte, de la nature même de l'opération, que les précautions suivantes sont indiquées comme les plus simples et les plus rationnelles.

1° Eteindre d'abord le feu des ouvrages par une artillerie formidable, qui remplit en même temps le double but d'ébranler le moral des défenseurs;

2° Munir les troupes de tous les objets nécessaires (comme fascines et petites échelles) pour faciliter le comblement du fossé et l'abordage du parapet;

3° Diriger trois petites colonnes sur l'ouvrage que l'on veut emporter, en les secondant par des tirailleurs, et tenant des réserves à portée de les soutenir;

4° Profiter de tous les accidents du terrain pour mettre les troupes à l'abri, et ne les découvrir que le plus tard possible;

5° Donner des instructions précises aux colonnes principales sur ce qu'elles auront à faire quand un ouvrage sera enlevé, et qu'il s'agira d'aborder les forces ennemies qui occupent le camp; enfin désigner les corps de cavalerie qui devront concourir à l'attaque de ces forces, si le terrain le permet. Après ces recommandations, il n'y a plus qu'une chose à faire, c'est de lancer ses troupes avec toute la vivacité possible sur les ouvrages, en même temps qu'un détachement les tournera par la gorge, car la moindre hésitation est pire en pareil cas que la plus audacieuse témérité.

Nous ajouterons néanmoins, que des exercices gymnastiques pour familiariser les soldats avec les escalades et les attaques de postes barricadés, seraient pour le moins aussi utiles que tous les exercices qu'on leur fait faire; et que la balistique moderne pourrait bien exercer l'esprit de MM. les ingénieurs, pour trouver les moyens de faciliter, par des machines portatives, le franchissement d'un fossé de campagne et l'escalade d'un parapet.

De toutes les dispositions que j'ai lues sur ces matières, celles de l'assaut de Varsovie et du camp retranché de Mayence sont les mieux conçues. Thielke nous donne une disposition de Laudon pour l'attaque du camp de Bunzelwitz, qui ne fut pas exécutée, mais qui n'en est pas moins à offrir comme un bon exemple.

L'attaque de Varsovie surtout peut être citée comme une des plus belles opérations de ce genre, et fait autant d'honneur au maréchal Paskévitch qu'aux troupes qui l'exécutèrent. Voilà un exemple de ce qu'il convient de faire. Quant aux exemples de ce qu'il faut éviter, on ne peut rien citer de pire que les dispositions prescrites pour l'attaque de Dresde en 1813. Ceux qui en furent les auteurs ou les rédacteurs, n'auraient pu mieux faire s'ils eussent voulu empêcher de prendre ce camp; on peut lire ces dispositions dans l'ouvrage du général Plotho, quoiqu'elles y soient déjà revues et corrigées.

A côté des attaques de cette nature, on peut placer les assauts ou escalades mémorables de Port Mahon en 1756, et de Bergopzoom en 1747; l'une et l'autre, bien qu'elles aient été précédées d'un siége, n'en furent pas moins des coups de main brillants, puisqu'il n'y avait pas brèche suffisante pour un assaut régulier. Les assauts de Praga, Oczakoff et Ismaël, peuvent aussi être rangés dans la même classe : quoique dans ces dernières villes les parapets en terre et en partie éboulés favorisassent l'escalade, il n'y en eut pas moins de mérite à l'exécuter.

Pour les lignes retranchées contiguës, bien qu'elles semblent mieux liées que les ouvrages isolés, elles sont encore plus faciles à emporter, parce que, construites sur une étendue de plusieurs lieues, il est presque impossible d'empêcher l'ennemi de pénétrer sur un point; la prise de celles de Mayence et de Weissembourg que nous avons rapportée dans l'histoire des guerres de la révolution (chap. 21 et 52), celle des lignes de Turin par le prince Eugène de Savoie, en 1706, sont des grandes leçons à étudier.

Ce fameux évènement de Turin, que nous avons déjà souvent cité, est trop connu pour que nous en rappellions les circonstances, mais nous ne pouvons vraiment pas nous dispenser d'observer que jamais triomphe ne fut acheté à si bon marché, ni plus difficile à concevoir. A la vérité le plan stratégique fut admirable; la marche depuis l'Adige par Plaisance sur Asti par la rive droite du Pô, laissant les Français sur le Mincio, fut parfaitement combinée, bien qu'exécutée avec une lenteur inconcevable : mais quant aux opérations sous Turin', il faut avouer que les vainqueurs furent plus heureux que sages. Le prince Eugène n'eut pas besoin d'un grand effort de génie pour rédiger l'ordre qu'il donna à son armée, et il fallait qu'il méprisât cruellement ses adversaires pour exécuter la marche qui devait porter 35 mille alliés de dix nations différentes, entre 80 mille Français et les Alpes, se promenant pendant 48 heures autour de leur camp, par la plus fameuse marche de flanc qui ait jamais été tentée. Outre cela, la disposition de l'attaque en elle-même fut si laconique et si peu instructive, que chaque officier d'état-major en donnerait aujourd'hui une plus satisfaisante. Prescrire la formation de huit colonnes d'infanterie par brigades sur deux lignes, leur donner l'ordre de couronner les retranchements, et d'y pratiquer des ouvertures pour que les colonnes de cavalerie qui suivaient pussent pénétrer dans le camp; voilà toute la science que le prince Eugène sut appeler au secours de son audacieuse entreprise. Il est vrai qu'il avait bien choisi le point faible du retranchement, car il était si misérable qu'il n'avait pas trois pieds au-dessus du sol, et ne couvrait pas ses défenseurs à mi-corps.

Quant aux généraux qui commandaient ce camp de Turin, leur panégyrique a été fait par un des historiens du prince Eugène; M. de M***, sans craindre de diminuer la gloire de son héros, se récrie naïvement contre la cour de France, *qui donna des éloges à des généraux dont la conduite aurait en toute justice mérité l'échafaud.* Sans doute il n'a voulu parler que de Marsin, car chacun sait que le duc d'Orléans avait protesté contre l'idée d'attendre l'ennemi dans les lignes, et que deux blessures le mirent hors de combat dès le commencement de l'attaque; pour le vrai coupable, il expia, par une mort honorable, une faute que rien ne saurait justifier (*).

Mais je suis entraîné par mon sujet, et il faut revenir aux mesures les plus convenables pour une attaque contre les lignes. Si celles-ci sont d'un relief assez fort pour en rendre l'assaut redoutable, et si au contraire il y a moyen de les déborder ou de les tourner par des manœuvres stratégiques, ce parti serait toujours plus convenable qu'une attaque chanceuse. En cas contraire, et si l'on a quelque motif de préférer celui-ci, il faudrait choisir un point sur une des ailes, parce qu'il est assez naturel que le centre soit plus aisé à soutenir. Toutefois on a vu aussi, qu'une attaque sur une aile étant regardée avec raison comme la plus vraisemblable, on réussissait à tromper le défenseur en dirigeant une fausse attaque un peu forte de ce côté, tandis que la vraie, faite sur le centre, réussissait précisément parce qu'elle n'était pas probable. Dans ces sortes de combi-

(*) Albergotti ne fut pas moins coupable que Marsin : placé avec 40 bataillons à la rive droite du Pô, où il n'y eut pas d'attaque, il refusa de marcher au secours de Marsin, ce qui arrive toujours en pareil cas, chacun ne s'inquiétant que du point qu'il occupe.

naisons, les localités et l'esprit des généraux doivent décider le meilleur mode à suivre.

D'ailleurs, quant à l'exécution de l'attaque, on ne peut guère prendre d'autres moyens que ceux recommandés pour les camps retranchés. Cependant, comme ces lignes, autrefois du moins, avaient souvent le relief et les proportions d'ouvrages permanents, il peut arriver que l'escalade soit difficile, excepté pour les ouvrages en terre déjà un peu anciens, dont le talus serait dégradé par le temps et accessible à une infanterie un peu leste. Tels étaient, comme nous l'avons dit, les remparts d'Ismaël et de Praga; telle était aussi la citadelle de Smolensk que le général Paskéwitch défendit avec tant de gloire contre Ney, parce qu'il préféra défendre les ravins qui la précédaient, plutôt que de se réfugier derrière un mauvais parapet à peine incliné à 30 degrés.

Si une ligne est appuyée à un fleuve, il semble absurde de songer même à pénétrer sur cette aile, parce que l'ennemi, rassemblant ses forces dont le gros serait vers le centre, pourrait culbuter les colonnes qui s'avanceraient ainsi entre elles et le fleuve, en sorte que leur perte totale serait certaine. Cependant on a vu cette absurdité réussir, parce que l'ennemi, forcé derrière ses lignes, songe rarement à un retour offensif, quelque avantageux qu'il paraisse; car le général et les soldats qui cherchent un refuge dans des lignes sont déjà à moitié vaincus, et l'idée de prendre l'offensive ne leur vient pas quand leurs retranchements se trouvent déjà envahis. Toutefois, il serait impossible de conseiller l'essai d'une pareille manœuvre; le général qui s'y exposerait, et qui éprouverait le sort de Tallard à Hochstett, n'aurait pas à s'en plaindre.

Pour ce qui concerne la défense des camps retranchés et des lignes, on n'a pas beaucoup de maximes à donner : la première est incontestablement de s'assurer de bonnes réserves, placées entre le centre et chacune des ailes, ou pour mieux dire, sur la droite de l'aile gauche, et sur la gauche de l'aile droite. Par ce moyen, on pourra accourir au secours du point qui serait forcé, avec toute la promptitude possible, ce qu'une seule réserve centrale ne permettrait pas. On a pensé même que trois réserves ne seraient pas trop, si le retranchement était très étendu; quant à moi, je pencherais pour n'en avoir que deux. Une recommandation non moins essentielle, c'est de bien pénétrer les troupes de l'idée qu'une affaire ne serait pas désespérée parce que la ligne se trouverait franchie sur un point. Si l'on a de bonnes réserves qui prennent l'initiative à propos, on n'en sera pas moins victorieux, en conservant sa présence d'esprit pour les bien engager au point et au moment convenables. Les troupes qui défendront le fossé et le parapet, se conformeront à des instructions données par les ingénieurs d'après les usages pratiqués dans les siéges; toutefois, il faut en convenir, un bon ouvrage sur les détails du service de l'infanterie dans les siéges et camps retranchés, qui soit à la portée des officiers de cette arme, est un ouvrage encore à faire: une pareille entreprise n'a rien de commun avec ce tableau, car ce doit être l'objet d'un réglement et non un livre dogmatique.

Des coups de main.

Les coups de main sont des entreprises hardies qu'un détachement de l'armée tente pour s'emparer d'un poste plus ou moins important ou plus ou moins fort (*). Ils participent à la fois des sur-

(*) Il faut distinguer l'importance et la force d'un point attaqué, car il s'en faut de beaucoup qu'un point fort soit toujours important.

prises ou des attaques de vive force, car on emploie également ces deux espèces de moyens, pour arriver à ses fins. Bien qu'en apparence ces sortes d'entreprises semblent appartenir presque exclusivement à la tactique, on ne peut se dissimuler néanmoins qu'elles tirent toute leur importance des rapports qu'auraient les postes enlevés avec les combinaisons stratégiques des opérations. Aussi serons nous bientôt appelé à en dire quelques mots à l'art. 36, en parlant des détachements : mais quelque fâcheuses que soient ces répétitions, nous sommes obligé d'en faire mention ici pour ce qui concerne leur exécution, qui rentre entièrement dans le domaine des attaques de retranchements.

Ce n'est pas néanmoins que nous prétendions les soumettre aux règles de la tactique, puisqu'un coup de main dit déjà par lui-même, que c'est en quelque sorte une entreprise en dehors de toutes les règles ordinaires. Nous voulons seulement les citer ici pour mémoire, en renvoyant nos lecteurs aux divers ouvrages historiques ou didactiques qui ont pu en faire mention.

Nous avons déjà signalé la nature des résultats souvent très importants que l'on peut s'en promettre. La prise de Sizipoli en 1828; l'attaque manquée du général Petrasch sur Kehl en 1796; les singulières surprises de Crémone en 1702, de Gibraltar en 1704 et de Bergopzoom en 1814, comme les escalades de Port-Mahon et de Badajos, peuvent donner une idée de différentes espèces de coups de main. Les uns sont l'effet de la surprise, les autres se font de vive force : l'adresse, la ruse, la terreur, l'audace, sont des éléments de succès pour ces sortes d'entreprises.

Dans la manière actuelle de faire la guerre, l'enlèvement d'un poste, quelque fort qu'il soit par son site, n'aurait plus l'importance qu'on y attachait autrefois, à moins qu'il n'offrît un avantage stratégique susceptible d'influer sur les résultats d'une grande opération.

La prise ou la destruction d'un pont retranché, celle d'un grand convoi, celle d'un petit fort barrant des passages importants, comme les deux attaques qui eurent lieu en 1799 sur le fort du Lucisteig dans les Grisons; la prise de Leutasch et de Scharnitz par Ney en 1805; enfin l'enlèvement d'un poste même non fortifié, mais qui servirait de grand dépôt de vivres et de munitions indispensables à l'ennemi, telles sont les entreprises qui peuvent dédommager des risques auxquels on exposerait un détachement pour les exécuter.

Les Cosaques ont par fois tenté aussi des coups de main dans les dernières guerres; l'attaque de Laon par le prince Lapoukin, celles de Cassel et de Châlons, ont eu des avantages, mais rentrent néanmoins tout-à-fait dans la classe des entreprises secondaires dont l'effet le plus positif est de harceler et d'inquiéter l'ennemi.

Quelles instructions pourrait-on donner sur ces sortes d'entreprises en général, les mémoires de Montluc, et les stratagèmes de Frontin, ces vieilles histoires qu'on croirait d'un autre monde, en diront cependant plus que moi sur ce chapitre; l'escalade, la surprise, la terreur, ne se laissent pas formuler en maximes.

Les uns ont enlevé des postes en comblant les fossés, tantôt avec des fascines, tantôt avec des sacs de laine; on y a même employé par fois du fumier : d'autres ont réussi au moyen d'échelles sans lesquelles on tente rarement pareille entreprise; enfin on s'est servi aussi de crampons attachés aux mains et aux souliers des soldats pour gravir des rochers qui dominaient un retranchement. D'autres se sont introduits par des égoûts, comme le prince Eugène à Crémone.

C'est dans la lecture de ces faits qu'il faut aller chercher, non des préceptes, mais des inspirations, si toutefois ce qui a réussi à l'un peut servir de règle à un autre. Il serait à désirer que quelque officier studieux s'appliquât à réunir, dans un extrait historique détaillé, tous les coups de main les plus intéressants; ce serait rendre un service signalé non seulement aux généraux, mais à chacun des subordonnés qui peuvent avoir à coopérer à pareilles tentatives, où souvent l'intelligence d'un seul peut amener le succès.

Pour ce qui nous concerne, nous avons rempli notre tâche en indiquant ici leurs principaux rapports avec l'ensemble des opérations. Nous renvoyons d'ailleurs à ce qui a été dit au commencement de cet article sur la manière d'attaquer les retranchements de campagne, la seule opération militaire qui ait quelque analogie avec ces coups de main, lorsqu'ils se font de vive force.

CHAPITRE V.

DE DIFFÉRENTES OPÉRATIONS MIXTES,

QUI PARTICIPENT A LA FOIS

DE LA STRATÉGIE ET DE LA TACTIQUE.

ARTICLE XXXVI.

Des diversions et grands détachements (*).

Les détachements qu'une armée peut être appelée à faire dans le cours d'une campagne se lient si

(*) M. le colonel Wagner, dans sa traduction déjà citée, a bien voulu faire, sur cet article, des observations dont j'ai apprécié la justesse, et qui m'ont décidé à lui donner une rédaction toute nouvelle. Si nous différons encore de manière de voir en quelques points, je me plais à croire qu'ils seront peu importants.

J'ai hésité à placer cet article dans le chapitre de la stratégie, ou dans celui des opérations mixtes, mais s'il semble en définitive appartenir plus particulièrement aux opérations stratégiques, il est constant qu'un détachement, lorsqu'il est appelé à combattre, rentre dans toutes les combinaisons de la tactique ; j'ai donc cru qu'il pouvait être aussi bien placé ici.

étroitement avec le succès de toutes ses entreprises, qu'on doit les regarder comme une des branches les plus importantes, mais aussi les plus délicates de la guerre.

En effet, si rien n'est plus utile qu'un grand détachement lorsqu'il est fait à propos et bien combiné, rien n'est plus dangereux quand il est fait d'une manière inconsidérée. Frédéric-le-Grand comptait même au nombre des qualités les plus essentielles d'un général, de savoir engager ses adversaires à des détachements, soit pour aller ensuite les enlever, soit pour attaquer l'armée pendant leur absence.

On a tant abusé de la manie des détachements que, par un excès contraire, beaucoup de gens ont cru à la possibilité de s'en passer. Sans doute il serait beaucoup plus sûr et plus agréable de tenir toujours son armée réunie en une seule masse; mais comme c'est chose tout-à-fait impraticable, il faut bien se résigner à faire des détachements lorsque cela devient indispensable au succès même des entreprises que l'on voudrait former. L'essentiel est d'en faire le moins possible.

Il y en a de plusieurs sortes :

1° Les grands corps lancés au loin hors de la

zone des opérations, pour effectuer des diversions sur des points plus ou moins essentiels;

2° Les grands détachements faits dans la zone des opérations pour couvrir des points importants de cette zone, former un siége, garder une base secondaire, protéger la ligne d'opérations si elle est menacée;

3° Les grands détachements faits sur le front même d'opérations, en face de l'ennemi, pour concourir directement à une entreprise concertée;

4° Les petits détachements lancés au loin pour tenter des coups de main sur des postes dont la prise pourrait agir favorablement.

J'entends par diversions, ces entreprises secondaires formées loin de la zone principale des opérations, aux extrémités d'un théâtre de guerre, et sur le concours desquelles on aurait la folie de calculer le succès d'une campagne. De pareilles diversions ne sont utiles que dans deux cas, celui où le corps qui y serait employé se trouverait hors d'état, par son éloignement, d'être mis en action ailleurs; ou bien lorsqu'il serait jeté sur un point où il trouverait un grand appui parmi les populations, ce qui rentre dans le domaine des combinaisons politiques plus que dans celles de l'art militaire. Quelques exemples ne seront pas de trop pour en juger.

Les funestes résultats que l'expédition de Hollande par les Anglo-Russes, et celle de l'Archiduc Charles, eurent pour les affaires des coalisés à la fin de 1799, et que nous avons signalés à l'article 19, sont encore présents à la mémoire de tout le monde; il serait inutile de les répéter.

En 1805, Napoléon occupait Naples et le Hanovre; les alliés imaginent de porter des corps anglo-russes pour le chasser d'Italie, et des corps anglo-russes et suédois pour l'expulser du Hanovre; près de 60 mille hommes sont destinés à ces deux expéditions centrifuges : mais, tandis que leurs troupes se rassemblent aux deux extrémités de l'Europe, Napoléon a ordonné l'évacuation de Naples et du Hanovre; St.-Cyr vient joindre Masséna dans le Frioul, et Bernadotte quittant le Hanovre vient prendre une part active aux évènements d'Ulm et d'Austerlitz : après ces étonnants succès, on reprit aisément Naples et le Hanovre. Voilà qui prouve contre les diversions : citons un exemple des circonstances où elles seraient convenables.

Dans les guerres civiles de 1793, si les alliés avaient détaché de leurs armées 20 mille hommes de troupes aguerries pour les débarquer en Vendée, ils eussent produit bien plus d'effet qu'en augmentant les masses qui guerroyaient sans succès à Toulon, sur le Rhin et en Belgique. Voilà un cas où une diversion pouvait être non seulement très utile, mais décisive.

Nous avons dit qu'indépendamment des diversions lointaines et des corps légers, on employait aussi souvent des grands détachements dans la zone des opérations de l'armée.

Si l'abus de ces grands corps détachés pour des buts plus ou moins secondaires, présente plus de dangers encore que l'abus des diversions, il est juste néanmoins de reconnaître qu'il en est souvent d'avantageux, par fois même d'indispensables.

Ces détachements sont de deux espèces principales : la première consiste dans les corps permanents qu'on est obligé d'établir quelquefois dans une direction opposée à celle où l'on opère, et qui doivent y manœuvrer durant toute la campagne; les autres sont des corps détachés temporairement pour exercer une influence salutaire sur une entreprise quelconque.

Au nombre des premiers on doit placer, avant tout, les fractions d'armée détachées, soit pour former la réserve stratégique dont nous avons parlé, soit pour couvrir les lignes d'opérations et de retraite, lorsque la configuration du théâtre de la guerre peut les laisser en prise aux coups de l'ennemi. Par exemple, une armée russe, voulant franchir le Balkan, est forcée de laisser une partie de ses forces pour observer Schoumla, Routschouk et la vallée du Danube, dont la direction est telle qu'elle vient tomber pérpendiculairement sur la ligne d'opérations : quelque succès que l'on obtienne, il faudra toujours laisser une force respectable soit vers Giurgewo, soit vers Crajowa, et même à la droite du fleuve vers Routschouk.

Ce seul exemple suffit pour prouver qu'il est des cas où l'on ne peut se dispenser d'avoir un double front stratégique, ce qui forcera dès lors à détacher un corps considérable pour faire face à une portion de l'armée ennemie qu'on laisserait derrière soi. Nous pourrions citer d'autres localités et d'autres circonstances où cette mesure ne serait pas moins nécessaire : l'une est le double front stratégique du Tyrol et du Frioul pour une armée française qui passe l'Adige; de quelque côté qu'elle veuille diriger son effort principal, elle ne peut le faire sans laisser sur l'autre front un corps proportionné aux forces ennemies qui pourraient s'y trouver; autrement elle abandonnerait toutes ses communications. Le troisième exemple est la frontière d'Espagne, qui présente aussi la facilité aux Espagnols d'établir un double front, l'un en couvrant le chemin direct de Madrid, l'autre se basant soit sur Saragosse, soit sur la Galice : de quelque côté que l'on veuille agir, il faut laisser vers l'autre un détachement proportionné à l'ennemi.

Tout ce que l'on peut dire sur cette matière, c'est qu'il est avantageux d'élargir autant que possible le champ d'opérations, et de rendre mobiles ces forces laissées en observation, toutes les fois qu'on pourra le faire et qu'il s'agira de frapper des coups décisifs. Une des preuves les plus remarquables de cette vérité fut donnée par Napoléon dans la campagne de 1797. Obligé de laisser un corps de 15 mille hommes dans la vallée de l'Adige, pour contenir le Tyrol pendant qu'il se portait sur les Alpes Noriques, il préféra attirer ce corps à lui, au risque de compromettre un moment sa ligne de retraite, plutôt que de laisser les deux fractions de son armée désunies et exposées à être accablées en détail. Persuadé qu'il vaincrait avec son armée s'il la réunissait, il jugea que la présence momentanée de quelques détachements ennemis sur ses communications serait dès lors sans danger.

Les grands détachements mobiles et temporaires se font pour les motifs suivants :

1° Contraindre l'ennemi à la retraite en menaçant sa ligne d'opérations, ou couvrir la sienne propre;

2° Marcher au-devant d'un corps ennemi et empêcher sa jonction, ou bien faciliter la jonction d'un renfort attendu;

3° Observer et contenir une grande fraction de l'armée ennemie, tandis que l'on projette de frapper un coup sur l'autre portion de cette armée;

4° Enlever un convoi considérable de vivres ou de munitions, duquel dépendrait la continuation d'un siége ou le succès d'une entreprise stratégique; protéger l'arrivée d'un convoi qu'on attend soi-même;

5° Opérer une démonstration à l'effet d'attirer l'ennemi dans une direction où l'on désire qu'il marche, pour faciliter une opération entreprise d'un autre côté;

6° Masquer et même investir une ou plusieurs grandes places pendant un temps donné, soit qu'on veuille les attaquer, soit qu'on veuille se borner à enfermer la garnison dans ses remparts;

7° Enlever un point important sur les communications d'un ennemi déjà en retraite.

Quelque séduisant qu'il puisse paraître d'obtenir les divers buts indiqués dans cette nomenclature, il faut avouer néanmoins que ce sont toujours des objets plus ou moins secondaires, et que l'essentiel étant de triompher sur les points décisifs, il faut se garder de s'abandonner à l'entraînement des détachements multipliés, car on a vu bien des armées succomber pour n'avoir pas su rester concentrées.

Nous rappellerons ici plusieurs de ces entreprises pour prouver que leur succès ou leur perte dépend, tantôt de l'à-propos, tantôt du génie de celui qui les dirige, plus souvent encore des fautes d'exécution. Chacun sait comment Pierre-le-Grand préluda à la destruction de Charles XII, en faisant enlever par un corps considérable le fameux convoi qu'amenait Lowenhaupt. On se rappelle également comment Villars battit complètement à Denain le grand détachement que le Prince Eugène avait fait sous d'Albermale, en 1709.

La destruction du grand convoi que Laudon enleva à Frédéric pendant le siége d'Olmütz, obligea le roi à évacuer la Moravie. Le sort des deux détachements de Fouquet à Landshut en 1760, et de

Fink à Maxen en 1759, attestent également combien il est difficile de se soustraire à la nécessité de faire des détachements et au danger qui en résulte.

Plus près de nous, le désastre de Vandamme à Culm fut une sanglante leçon contre les corps aventurés trop audacieusement; toutefois, il en faut convenir, dans cette dernière occasion la manœuvre était habilement méditée, et la faute fut moins d'avoir poussé le détachement que de ne l'avoir pas soutenu comme on le pouvait facilement. Celui de Fink fut détruit à Maxen presque sur le même terrain et par la même raison.

Quant aux diversions démonstratives faites dans le rayon même de l'armée, elles ont un avantage positif, c'est lorsqu'elles sont combinées dans le but de faire arriver l'ennemi sur un point où il convient de fixer son attention, tandis qu'on rassemble le gros de ses forces sur un point tout opposé où l'on désire frapper un coup important. Alors il faut non seulement éviter d'engager le corps qui est employé à cette démonstration, mais le rappeler promptement vers le corps de bataille; nous citerons deux exemples, qui prouveront l'opportunité de cette précaution.

En 1800, Moreau voulant tromper Kray sur la vraie direction de sa marche, fit porter son aile gauche de Kehl vers Rastadt, tandis qu'il filait avec son armée sur Stockach : sa gauche, après une simple apparition, se rabattit alors vers son centre par Fribourg en Brisgau.

En 1805, Napoléon, maître de Vienne, lance le corps de Bernadotte sur Iglau, pour semer la terreur en Bohème et paralyser l'archiduc Ferdinand qui y rassemblait un corps; il lance d'un autre côté Davoust sur Presbourg pour imposer à la Hongrie; mais il les rabat aussitôt sur Brunn, afin d'y venir prendre part à l'événement qui devait décider de toute la campagne, et une victoire signalée devient le résultat de ces sages manœuvres. Ces sortes d'opérations, loin d'être contraires aux principes, sont nécessaires pour en favoriser l'application.

On se convaincra aisément, par tout ce qui précède, qu'on ne saurait donner des maximes absolues sur des opérations aussi variées et dont le succès tient à tant de particularités si difficiles à saisir. Ce sera aux talents et au coup-d'œil des généraux à juger quand ils devront risquer des détachements; les seuls préceptes admissibles, nous les avons déjà présentés : c'est d'en faire le moins possible et de les rappeler à soi dès qu'ils ont rempli leur destination. Au surplus on pourra remédier en partie à leurs inconvénients en donnant de bonnes instructions à ceux qui les commandent; c'est en cela que consiste le plus grand talent d'un général d'état-major.

Un des moyens qui peuvent concourir aussi à préserver des fâcheux résultats qu'entraînent les détachements, c'est de ne négliger aucune des précautions prescrites par la tactique pour doubler leur force par de bonnes positions, mais sans perdre de vue néanmoins qu'il est plus sage en général de ne point les engager dans des luttes sérieuses, contre des forces disproportionnées. En pareil cas, la mobilité doit être leur premier moyen de salut : ce n'est que dans un petit nombre de circonstances qu'un détachement doit se résoudre à vaincre ou à mourir dans la position qu'il aurait prise ou qui lui aurait été assignée.

Quoi qu'il en soit, il est incontestable que, dans toutes les hypothèses possibles, les préceptes de la tactique et de la fortification passagère sont applicables aux grands détachements, comme à l'armée elle-même.

Puisque nous avons cité les petits détachements destinés à des coups de main, au nombre de ceux qui pouvaient être utiles, nous en indiquerons quelques-uns de cette nature qui pourront en faire juger. On se rappelle celui qui fut exécuté par les Russes à la fin de 1828 pour s'emparer de Sizepoli dans le golfe de Burgas. La prise de ce golfe faiblement retranché et qu'on se hâta de mettre à couvert, procurait en cas de réussite un point d'appui essentiel au-delà du Balkan, pour y établir d'avance les dépôts de l'armée qui devait franchir ces montagnes ; en cas de non-succès cela ne compromettait rien, pas même le petit corps débarqué, car il avait une retraite assurée sur ses vaisseaux.

De même dans la campagne de 1796, le coup de main tenté par les Autrichiens pour s'emparer de Kehl, et en détruire le pont tandis que Moreau revenait de la Bavière, aurait pu avoir d'importants résultats s'il n'eût pas échoué.

Dans ses sortes d'entreprises on risque peu pour gagner beaucoup ; et comme elles ne sauraient compromettre en aucune manière le gros de l'armée, on ne peut que les approuver.

Des corps légers lancés au milieu de la zone d'opérations de l'ennemi, sont à classer dans la même catégorie ; quelques centaines de cavaliers ainsi hasardés ne sont jamais une perte grave, et peuvent causer un dommage souvent considérable à l'ennemi. Les détachements légers faits par les Russes en 1807, 1812 et 1813 ont fortement inquiété les opérations de Napoléon, et par fois les ont fait manquer en interceptant ses ordres et toutes ses communications.

On emploie de préférence à ses sortes d'expéditions des officiers à-la-fois rusés et hardis, connus sous le nom de partisans : véritables enfants perdus, ils doivent faire tout le mal possible à l'ennemi sans trop se compromettre : sans doute quand l'occasion de frapper un coup important se présente, ils doivent aussi savoir donner tête baissée sur l'ennemi; mais, en général, l'adresse et la présence d'esprit pour éviter tout danger inutile, sont, plus encore que l'audace calculée, les véritables qualités nécessaires à un partisan. Je me refère du reste à ce que j'en ai dit au chapitre XXXV du traité des grandes opérations, et à l'article 45 ci-après, sur la cavalerie légère.

ARTICLE XXXVII.

••••••••

Des passages de rivières et de fleuves.

Les passages de petites rivières, sur lesquelles on trouve un pont établi et où l'on peut facilement en jeter un, ne présentent pas des combinaisons qui appartiennent à la haute tactique ou à la stratégie; mais des passages de grandes rivières ou de fleuves, tels que le Danube, le Rhin, le Pô, l'Elbe, l'Oder, la Vistule, l'Inn, le Tessin, etc., sont des opérations dignes d'être étudiées.

L'art de jeter des ponts est une connaissance spéciale, qui appartient aux officiers de pontonniers ou de sapeurs. Ce n'est pas sous ce rapport que nous traiterons ces passages, mais comme attaque d'une position militaire, et comme manœuvre de guerre.

Le passage en lui-même est une opération de tactique; mais la détermination du point où il doit se faire est liée aux grandes opérations qui embrassent tout le théâtre de la guerre. Le passage du Rhin par le général Moreau en 1800, dont nous avons déjà parlé, peut encore servir d'exemple pour mieux faire juger cette assertion. Napoléon, plus habile en stratégie que son lieutenant, voulait le faire passer en masse à Schaffhouse pour prendre à revers toute l'armée de Kray, la prévenir à Ulm, la couper de l'Autriche, et la refouler sur le Mein. Moreau, qui avait déjà une tête de pont à Bâle, aima mieux passer plus commodément sur le front de l'ennemi que de tourner son extrême gauche; l'avantage tactique lui parut plus sûr que tous ceux de la stratégie; il préféra un demi-succès certain, à la chance d'une victoire qui eût été décisive, mais exposée à plus de hasards. Dans la même campagne, le passage du Pô par Napoléon offrit un autre exemple de l'importance stratégique qui est attachée au choix du point de passage : l'armée de réserve, après le combat de la Chiusella, pouvait marcher par la gauche du Pô à Turin, ou passer le fleuve à Crescentino et marcher droit à Gênes : Napoléon préféra passer le Tessin, entrer à Milan, s'y réunir à Moncey qui venait avec 20 mille hommes par le St.-Gothard, puis passer le Pô à Plaisance, persuadé qu'il devancerait plus sûrement Mélas sur ce point, que s'il se rabattait trop tôt sur sa ligne de retraite. Le passage du Danube à Donavert et Ingolstadt en 1805, fut une opération à peu près du même genre : la direction choisie devint la première cause de la destruction de l'armée de Mack.

Le point convenable en stratégie, est facile à déterminer d'après ce que nous avons dit à l'article 19, et il n'est pas inutile de rappeler que, dans un passage de rivière comme en toute autre opération, il y a des points décisifs permanents ou géographiques, et d'autres qui sont relatifs ou éventuels puisqu'ils résultent de l'emplacement des forces ennemies.

Si le point choisi réunit les avantages stratégiques aux convenances tactiques des localités, ce choix ne laissera rien à désirer; mais s'il présentait des obstacles locaux presqu'insurmontables, alors il faudrait en choisir un autre, en ayant soin de préférer celui qui serait le plus près de la direction stratégique qu'il importerait d'atteindre. Indépendamment de ces combinaisons générales, qui doivent influer sur le choix du point de passage, il en est encore une autre qui se rapporte aux lieux mêmes; le meilleur emplacement sera celui où l'armée, après avoir passé, pourra prendre son front d'opérations et sa ligne de bataille perpendiculairement au fleuve, du moins pour les premières marches, sans être forcée de se diviser en plusieurs corps sur différentes directions; cet avantage la sauvera également du péril de recevoir bataille avec le fleuve à dos, comme cela arriva à Napoléon à Essling.

En voilà assez sur la combinaison stratégique qui doit décider des passages, il est temps de parler de leur exécution. L'histoire est la meilleure école pour étudier les mesures propres à en assurer la réussite : les anciens ont fait une merveille de celui du Granique, qui n'est qu'un ruisseau ; sous ce rapport, les modernes ont de plus grandes actions à citer.

Le passage du Rhin à Tholhuys par Louis XIV, n'est pas celui qui a fait le moins de bruit, et il faut avouer qu'il est digne de remarque.

De nos jours, le général Dedon a célébré les deux passages du Rhin à Kehl, et celui du Danube à Hochstedt en 1800 : son ouvrage doit être consulté comme classique pour les détails ; or, la précision dans les détails est tout pour ces sortes d'opérations.

Enfin, trois autres passages du Danube, et celui à jamais célèbre de la Bérézina, ont surpassé tout ce qu'on avait vu jusque là dans ce genre. Les deux premiers sont ceux que Napoléon exécuta à Essling et à Wagram, en présence d'une armée de 120 mille hommes, munie de 400 pièces de canon, et sur l'un des points où le lit du fleuve est le plus large : il faut en lire l'intéressante relation par le général Pelet. Le troisième est celui qui fut exécuté par l'armée russe à Satounovo en 1828 : quoiqu'il ne puisse être mis en parallèle avec les précédents, il fut très remarquable par les difficultés excessives que les localités présentaient, et par la nature des efforts qu'il fallut faire pour les surmonter. Quant à celui de la Bérézina, il fut en tout point miraculeux. Mon but n'étant point d'entrer ici dans des détails historiques, je renvoie mes lecteurs aux relations spéciales de ces événements, et j'en résumerai les règles générales.

1° Il est essentiel de donner le change à l'ennemi sur le point de passage, afin qu'il n'y accumule pas ses moyens de résistance. Outre les démonstrations stratégiques, il faudra encore de fausses attaques à proximité du passage, pour diviser les moyens que l'ennemi y aura rassemblés ; à cet effet la moitié de l'artillerie doit être employée à faire beaucoup de bruit sur tous les points où l'on ne veut pas passer ; tandis que le plus grand silence doit régner au point réel où se dirigeront les apprêts sérieux ;

2° On doit autant que possible, protéger la construction des ponts, en portant des troupes en bateaux sur la rive opposée, afin d'en déloger l'ennemi qui gênerait les travaux; ces troupes devront s'emparer aussitôt des villages, bois ou autres obstacles à proximité;

3° Il importe aussi de placer de fortes batteries de gros calibre, non seulement pour balayer cette rive opposée, mais pour faire taire l'artillerie que l'ennemi voudrait amener dans l'intention de battre le pont à mesure qu'on y travaillerait; à cet effet, il convient que la rive d'où l'assaillant doit partir domine un peu la rive opposée;

4° Le voisinage d'une grande île, près de la rive ennemie, offre de grandes facilités aux troupes de débarquement, ainsi qu'aux travailleurs. De même le voisinage d'une petite rivière affluente, donne les moyens de réunir et de cacher les préparatifs pour les bateaux;

5° Il est bon de choisir un endroit où le fleuve forme une anse ou coude rentrant, afin de pouvoir assurer aux troupes un débouché sûr, protégé par des batteries dont le feu, croisé sur l'avenue, empêcherait l'ennemi de tomber sur les bataillons à mesure qu'ils passeraient.

6° L'endroit fixé pour jeter les ponts doit être à proximité de bonnes routes sur les deux rives, afin que l'armée puisse trouver des communications faciles après le passage, aussi bien que pour se rassembler. On doit éviter à cet effet les points où les rampes seraient très escarpées, surtout du côté de l'ennemi.

Quant à la défense d'un passage, ses règles dérivent de la nature même de celles de l'attaque; elles doivent donc avoir pour but de s'opposer aux mesures indiquées ci-dessus : l'essentiel est de faire surveiller le cours par des corps légers, sans avoir la prétention de le défendre partout; puis de se concentrer rapidement au point menacé, pour foudroyer l'ennemi quand une partie seulement de son armée aura passé. Il faut faire comme le duc de Vendôme à Cassano, et comme le fit plus en grand l'archiduc Charles à Essling en 1809, exemple mémorable qu'on ne saurait trop recommander, bien que le vainqueur n'en ait pas tiré tout le fruit qu'il pouvait s'en promettre.

Nous avons déjà signalé à l'art. 21, l'influence que les passages de fleuves, au début d'une entreprise ou d'une campagne, peuvent exercer sur la direction des lignes d'opérations; il nous reste à examiner celle qu'ils peuvent avoir sur les mouvements stratégiques qui les suivraient immédiatement.

Une des plus grandes difficultés qui se présentent après les passages, c'est de couvrir les ponts contre l'ennemi sans cependant gêner trop les entreprises que l'armée voudrait faire. Lorsqu'ils ont lieu avec une grande supériorité numérique, ou à la suite de grandes victoires déjà remportées, la chose n'est pas si embarrassante, mais lorsqu'on les exécute au début de la campagne, en présence d'un ennemi presqu'égal en forces, le cas est différent.

Si 100 mille Français passent le Rhin à Strasbourg ou à Manheim, en présence de 100 mille Allemands, la première chose qu'ils auront à faire sera de pousser l'ennemi dans trois directions : la première devant eux, jusqu'aux montagnes de la Forêt-Noire, la deuxième à droite pour couvrir les ponts du côté du Haut-Rhin, et la troisième à gauche pour les couvrir du côté de Mayence et du Bas-Rhin. Cette nécessité mène à un déplorable morcellement de forces ; mais pour en diminuer les inconvénients, il faut se garder de croire qu'il soit nécessaire de diviser l'armée en trois parties égales, ni qu'il faille conserver ces détachements au-delà du peu de jours nécessaires pour s'assurer du lieu de rassemblement des forces ennemies.

Toutefois on ne peut se dissimuler que c'est

une des situations des plus délicates pour un général en chef : car, s'il se divise pour couvrir ses ponts, il peut donner avec une de ses trois fractions contre le gros des masses ennemies qui l'accableraient ; s'il réunit ses forces sur une seule direction et que l'ennemi lui donne le change sur le point de son rassemblement, il pourrait s'exposer à voir ses ponts enlevés ou détruits, et se trouver compromis avant d'avoir eu le temps de remporter une victoire.

Les remèdes les plus sûrs seront, de placer ses ponts près d'une ville que l'on pourra mettre rapidement en état de protéger leur défense, puis de donner à ses premières opérations toute la vigueur et la rapidité possibles, en se jetant successivement sur les fractions de l'armée ennemie, et les battant de manière à leur ôter l'envie d'inquiéter les ponts. Dans quelques cas on pourra ajouter, à ces moyens, le système des lignes d'opérations excentriques : si l'ennemi a morcelé ses 100 mille hommes en plusieurs corps occupant des positions d'observation, et qu'on passe avec une masse égale sur un seul point voisin du centre de ce cordon, le corps défensif qui se trouverait isolé à ce centre étant vivement culbuté, on pourrait alors sans risque former deux masses de 50 mille hommes, lesquelles, en prenant une direction divergente, disperseraient sûrement les fractions ennemies isolées en direction extérieure, les empêcheraient désormais de se réunir, et les éloigneraient ainsi de plus en plus des ponts. Mais si le passage s'était effectué, au contraire, sur une des extrémités du front stratégique de l'ennemi, en se rabattant vivement sur ce front qu'on battrait dans toute son étendue comme Frédéric battit la ligne autrichienne tactiquement à Leuthen dans toute sa longueur, l'armée aurait ses ponts derrière soi, et les couvrirait dans tous ses mouvements en avant. C'est ainsique Jourdan, ayant passé à Dusseldorf, en 1795, sur l'extrême droite des Autrichiens, put s'avancer en toute sûreté sur le Mein; s'il en fut chassé, ce fut parce que les Français, ayant une ligne d'opérations double et extérieure, laissèrent 120 mille hommes paralysés depuis Mayence à Bâle, tandis que Clairfayt repoussait Jourdan sur la Lahn. Mais cette circonstance ne saurait altérer en rien l'avantage évident que procure un point de passage établi sur une extrémité du front stratégique de l'ennemi. Le généralissime saura adopter ce système, ou celui exposé ci-dessus pour les masses centrales au moment du passage puis ensuite excentriques, selon les circonstances, selon la situation des frontières et des bases, enfin selon les positions de l'ennemi. Ces combinaisons, dont nous avons déjà dit quelque chose à l'article des lignes d'opérations, ne m'ont pas paru déplacées dans celui-ci, puisque leurs rapports avec le placement des ponts fait le point principal de la discussion.

Il arrive par fois que des raisons majeures déterminent à tenter un double passage sur l'étendue d'un même front d'opérations, comme cela arriva à Jourdan et à Moreau en 1796. Si l'on y gagne d'un côté l'avantage d'avoir au besoin une double ligne de retraite, on a l'inconvénient, en opérant ainsi sur les deux extrémités du front de l'ennemi, de le forcer pour ainsi dire à se rassembler sur le centre, ce qui le mettrait dans le cas de ruiner séparément les deux armées. Une telle opération aura toujours des suites déplorables, quand on aura affaire à un général capable de profiter de cette violation des principes.

Tout ce qu'on peut recommander à ce sujet c'est de diminuer les inconvénients du double passage, en portant du moins le gros des forces sur l'un des deux points qui serait alors décisif, puis de rapprocher le plus tôt possible les deux corps en direction intérieure, pour éviter que l'ennemi ne les accable séparément. Si Jourdan et Moreau avaient suivi cette maxime et se fussent réunis vers Donavert au lieu de courir excentriquement, ils eussent probablement obtenu de grands succès en Bavière, loin d'être rejetés sur le Rhin.

Du reste ceci rentre dans les doubles lignes d'opérations sur lesquelles nous n'avons pas à revenir.

ARTICLE XXXVIII.

Des retraites et des poursuites.

De toutes les opérations de la guerre les plus difficiles sont incontestablement les retraites ; cela est si vrai que le célèbre prince de Ligne disait avec son esprit accoutumé, qu'il ne concevait pas comment une armée parvenait à se retirer. Lorsqu'on songe en effet à l'état physique et moral dans lequel une armée se trouve lorsqu'elle bat en retraite par suite d'une bataille perdue, à la difficulté d'y maintenir l'ordre, aux chances désastreuses que le moindre désordre peut amener, on comprend pourquoi les généraux les plus expérimentés ont tant de peine à s'y résoudre.

Quel système conseiller pour une retraite? faut-il combattre à outrance jusqu'à l'entrée de la nuit, pour pouvoir l'exécuter à la faveur des ténèbres? Vaut-il mieux ne pas attendre la dernière extrémité, et quitter le champ de bataille lorsqu'on peut le faire encore avec bonne contenance? Doit-on prendre, par une marche forcée de nuit, le plus d'avance possible sur l'ennemi, ou bien s'arrêter en bon ordre à une demi-marche en faisant mine d'accepter de nouveau le combat? Chacun de ces modes, convenable dans certains cas, pourrait dans d'autres causer la ruine totale de l'armée, et si la théorie de la guerre est impuissante en quelques points, c'est certainement en ce qui se rapporte aux retraites.

Si vous voulez combattre à toute force jusqu'à la nuit, vous pouvez vous exposer à une défaite complète avant que cette nuit ne soit venue, et puis si une retraite forcée devait se faire au moment où les ténèbres commencent à tout envelopper de leur voile, comment éviter la décomposition de l'armée qui ne sait et ne voit plus ce qu'elle fait? Si l'on quitte au contraire le champ de bataille en plein jour, et sans attendre la dernière extrémité, on peut s'exposer à perdre la partie au moment où l'ennemi renoncerait lui-même à poursuivre ses attaques, ce qui ferait perdre toute la confiance des troupes, toujours disposées à blâmer les chefs prudents qui battent en retraite avant d'y être évidemment contraints. De plus, qui saurait garantir qu'une retraite exécutée en plein jour devant un ennemi un peu entreprenant, ne dégénère en déroute?

Lorsque la retraite est enfin commencée on n'est

pas moins embarrassé de décider s'il faut forcer de marche pour gagner toute l'avance possible, puisque cette précipitation peut achever la perte de l'armée ou bien la sauver. Tout ce qu'il est possible d'affirmer à ce sujet c'est que, avec une armée un peu considérable, il vaut mieux en général faire une retraite lente, à petites journées et bien échelonnée, parce qu'alors on a les moyens de former des arrière-gardes assez nombreuses pour se maintenir une partie du jour contre les têtes de colonnes de l'ennemi. Nous reviendrons du reste sur ces règles.

Les retraites sont de diverses espèces, selon le motif qui les détermine.

On se retire volontairement avant d'avoir combattu, pour amener l'ennemi sur un point moins avantageux pour lui que celui où il se trouve; c'est une manœuvre prudente plutôt qu'une retraite : ce fut ainsi que Napoléon se retira en 1805 de Wischau sur Brunn pour amener les alliés sur le point qui lui convenait : ce fut ainsi que Wellington se retira de Quatre-bras sur Waterloo. Enfin c'est ce que je proposai de faire avant l'attaque de Dresde, lorsqu'on eut appris l'arrivée de Napoléon. Je présentai la nécessité d'une marche sur Dippodiswalde pour choisir un champ de bataille avantageux ; on confondit cette idée avec une retraite, et un point d'honneur chevaleresque empêcha de rétrograder sans tirer l'épée, ce qui eût pourtant évité la catastrophe du lendemain (26 août 1813).

On se retire aussi sans être défait pour courir à la défense d'un point menacé par l'ennemi, soit sur les flancs, soit sur la ligne de retraite. Lorsqu'on marche loin de ses dépôts, dans une contrée épuisée, on peut être obligé à décamper pour se rapprocher de ses magasins. Enfin on se retire forcément après une bataille perdue, ou à la suite d'une entreprise manquée.

Ces différentes causes ne sont pas les seules qui modifient les combinaisons des retraites ; elles varient selon la nature des contrées, les distances que l'on a à parcourir, et les obstacles que l'ennemi peut y apporter. Elles sont surtout dangereuses lorsqu'elles se font en pays ennemi : plus le point du départ est éloigné des frontières et de la base d'opérations, plus la retraite est pénible et difficile.

Depuis la fameuse retraite des dix mille, si justement célèbre, jusqu'à la terrible catastrophe qui frappa l'armée française en 1812, l'histoire n'offre pas une grande abondance de retraites remarquables. Celle d'Antoine, repoussé de la Médie, fut plus pénible que glorieuse. Celle de l'empereur Julien, harcelé par les mêmes Parthes, fut un désastre. Dans les temps plus modernes, celle que Charles VIII exécuta pour revenir de Naples, en passant sur le corps de l'armée italienne à Fornoue, ne fut pas des moins glorieuses. La retraite de M. de Bellisle de Prague ne mérita pas les éloges qu'on lui a prodigués. Celles que le roi de Prusse exécuta après la levée du siége d'Olmutz et après la surprise de Hochkirch furent très bien ordonnées, mais ne sauraient compter parmi les retraites lointaines. Celle de Moreau en 1796, exaltée par l'esprit de parti, fut honorable sans avoir rien d'extraordinaire (*). Celle que l'armée russe exécuta sans se laisser entamer depuis le Niemen jusqu'à Moscou, dans un espace de 240 lieues, devant un ennemi comme Napoléon, et une cavalerie pareille à celle que conduisait l'actif et audacieux Murat, peut certainement être mise au-dessus de toutes les autres. Sans doute elle fut facilitée par une multitude de circonstances, mais

---

(*) La retraite de Lecourbe de l'Engadin jusqu'à Altorf, et celle de Macdonald par Pontremoli après la défaite de la Trebbia, furent, ainsi que celle de Souvaroff du Muttenthal jusqu'à Coire, des faits d'armes glorieux mais partiels et de courte durée.

cela n'ôte rien de son mérite, sinon pour le talent stratégique des chefs qui en dirigèrent la première période, du moins pour l'aplomb et la fermeté admirable des corps de troupes qui l'exécutèrent.

Enfin, bien que la retraite de Moscou ait été pour Napoléon une sanglante catastrophe, on ne saurait contester qu'elle fut glorieuse pour lui et pour ses troupes, à Krasnoï comme à la Bérezina; car les cadres de l'armée furent sauvés, tandis qu'il n'aurait pas dû en revenir un homme. Dans ce mémorable évènement, les deux partis se couvrirent d'une gloire égale, les chances seules différèrent comme les résultats.

La grandeur des distances et la nature du pays qu'on a à parcourir, les ressources qu'il offre, les obstacles que l'on peut redouter de l'ennemi sur les flancs et les derrières, la supériorité ou l'infériorité que l'on a en cavalerie, l'esprit des troupes; telles sont les principales causes qui influent sur le sort des retraites, indépendamment des dispositions habiles que les chefs peuvent faire pour les assurer.

Une armée, se repliant chez elle sur sa ligne de magasins, peut conserver ses troupes ensemble, y maintenir l'ordre, et faire sa retraite avec plus de sécurité que celle qui doit cantonner pour vivre, et s'étendre pour trouver des cantonnements. Il serait absurde de prétendre qu'une armée française, se repliant de Moscou sur le Niemen, sans aucune ressource en vivres, manquant de cavalerie et de chevaux de trait, pût le faire avec le même ordre et le même aplomb que l'armée russe, bien pourvue de tout, marchant dans son propre pays et couverte par une immense cavalerie légère.

Il y a cinq manières de combiner une retraite :

La première, c'est de marcher en masse sur une seule route;

La seconde, c'est de s'échelonner, sur cette seule route, en deux ou trois corps, marchant à une journée de distance pour éviter la confusion, surtout dans le matériel;

La troisième consiste à marcher sur un même front, par plusieurs routes parallèles menant au même but;

La quatrième, c'est de partir de deux points éloignés vers un but excentrique;

La cinquième serait de marcher au contraire par plusieurs routes concentriques.

Je ne parle pas des dispositions particulières à une arrière-garde; il est entendu qu'on doit en former une bonne et la soutenir par une partie des réserves de cavalerie. Ces sortes de dispositions sont communes à toutes les espèces de retraites, et il ne s'agit ici que des points de vue stratégiques.

Une armée qui se replie intacte, avec l'idée de combattre dès qu'elle aura atteint soit un renfort attendu, soit un point stratégique auquel elle vise, doit suivre le premier système de préférence, car c'est celui qui assure le plus de compacité aux différentes parties de l'armée, et lui permet de soutenir un combat toutes les fois qu'elle le veut; elle n'a pour cela qu'à arrêter ses têtes de colonnes, et à former le reste des troupes sous leur protection à mesure qu'elles arrivent. Il va sans dire néanmoins que l'armée adoptant ce système, ne doit pas marcher en totalité sur la grande route, lorsqu'elle peut trouver des petits chemins latéraux qui rendraient ses mouvements plus prompts et plus sûrs.

Napoléon, en se retirant de Smolensk, adopta le second système par échelons à une marche entière, et fit en cela une faute d'autant plus grave, que l'ennemi ne le suivait pas en queue, mais bien dans une direction latérale qui venait tomber presque perpendiculairement au milieu de ses corps isolés: les trois journées de Krasnoï, si fatales à son armée, en furent le résultat. Ce système échelonné sur une même route, ne pouvant avoir pour but que d'éviter l'encombrement, il suffit que l'intervalle entre l'heure du départ des corps soit assez grand pour que l'artillerie puisse filer; au lieu de mettre une marche entière entre eux, il suffira donc de diviser l'armée en deux masses et une rière-garde, à une demi-marche l'une de l'autre : ces masses s'ébranlant successivement, et mettant un intervalle de deux heures entre le départ de leurs corps d'armée, fileraient sans encombre, du moins dans les contrées ordinaires. Au Saint-Bernard et au Balkan il faut sans doute d'autres calculs.

J'applique cette idée à une armée de 120 à 150 mille hommes qui aura une arrière-garde de 20 à 25 mille hommes à une demi-marche environ, et dont le surplus sera divisé en deux masses d'environ 60 mille chacune, également campées en échelon à la distance de trois à quatre lieues. Les deux ou trois corps d'armée dont se composera chacune de ces masses pourront aussi être échelonnés dans la direction de la route, ou bien formés sur deux lignes en travers de la route. Dans l'un et l'autre cas, si un corps de 30 mille hommes se met en marche à 5 heures du matin et l'autre à 7 heures, il n'y aura aucune crainte d'encombrement, à moins d'accident extraordinaire, car la seconde masse partant aux mêmes heures à 4 lieues plus en arrière, n'arrivera que de midi à deux heures dans les positions quittées depuis bien long-temps par la première.

Lorsqu'il y a des chemins vicinaux praticables, du moins pour l'infanterie et la cavalerie, cela diminuera d'autant plus les intervalles. Il n'est pas besoin d'ajouter que pour marcher ainsi il faut des vivres, que la marche de la 3e catégorie est en général préférable puisqu'on marche dans l'ordre même de bataille : enfin que dans les grands jours et dans les pays chauds il faut marcher alternativement de nuit et de bon matin. Au surplus c'est une des branches les plus difficiles de la logistique de bien savoir combiner la mise en marche des troupes ainsi que leurs haltes : dans les retraites surtout c'est un point capital.

Bien des généraux négligent de régler le mode et le temps des haltes, ce qui est cause de tous les désordres dans les marches, chaque division ou brigade croyant pouvoir s'arrêter quand ses soldats sont un peu fatigués ou trouvent un bivouac agréable. Plus l'armée est considérable, plus elle marche ensemble, plus il importe de bien régler les départs et les haltes, surtout lorsqu'on se décide à des marches de nuit. Une halte intempestive d'une partie de colonne peut faire autant de mal qu'une déroute.

Si l'arrière-garde est un peu pressée, l'armée doit faire halte pour la relever par un corps frais de la seconde masse qui prendra position à cet effet. L'ennemi voyant 80 mille hommes formés, devra songer à s'arrêter pour réunir ses colonnes, alors la retraite devra recommencer à l'entrée de la nuit pour regagner du terrain.

La troisième méthode de retraite, celle de suivre plusieurs routes parallèles, est très convenable lorsque ces routes sont assez rapprochées l'une de l'autre. Mais si elles sont trop éloignées, chacune des ailes de l'armée, séparée des autres, pourrait être isolément compromise, si l'ennemi, dirigeant ses plus grandes forces sur elle, l'obligeait à recevoir le combat. L'armée prussienne, venant en 1806 de Magdebourg pour gagner l'Oder, en fournit la preuve.

Le quatrième système, qui consiste à suivre deux routes concentriques, est sans doute le plus convenable lorsque les troupes se trouvent éloignées l'une de l'autre au moment où la retraite est ordonnée : rien de mieux alors que de rallier ses forces, et la retraite concentrique est le seul moyen d'y réussir.

Le cinquième mode indiqué n'est autre chose que le fameux système des lignes excentriques que j'ai attribué à Bulow, et combattu avec tant de chaleur dans les premières éditions de mes ouvrages, parce que j'ai cru qu'il n'y avait pas moyen de se méprendre ni sur le sens de son texte, ni sur le but de son système. J'ai compris par sa définition qu'il recommandait les retraites partant d'un point donné pour se diviser sur plusieurs directions divergentes, autant pour se soustraire plus facilement à la poursuite de l'ennemi que pour l'arrêter en menaçant ses flancs et sa propre ligne d'opérations. J'ai hautement blâmé un pareil système, par la raison qu'une armée battue est déjà assez faible en elle-même, sans l'affaiblir encore par une division absurde de ses forces en présence d'un ennemi victorieux.

Bulow a trouvé des défenseurs qui ont affirmé que j'avais mal saisi le sens de ses paroles, vu que, par retraites excentriques, il n'entendait point les retraites faites sur plusieurs directions divergentes, mais bien des retraites qui, au lieu de se diriger vers le centre de la base d'opérations ou vers le centre du pays, s'en iraient dans une direction excentrique de ce foyer d'opérations, en se prolongeant sur la circonférence des frontières.

Il est possible que je me sois en effet trompé sur son intention; dans ce cas ma critique tomberait d'elle-même, puisque j'ai fortement appuyé ces sortes de retraites que j'ai, à la vérité, nommé des retraites parallèles. En effet, il me semble qu'une armée, quittant la ligne convergente qui mène du cercle des frontières au centre de l'état, pour se porter à droite ou à gauche, marcherait bien dans la direction à peu près parallèle avec sa ligne de frontières, ou avec son front d'opérations et sa base. Dès lors il me semble aussi plus rationel de donner le nom de retraites parallèles à celles qui suivent cette dernière direction, en laissant le nom de retraites excentriques pour celles qui partiraient du front stratégique dans des directions divergentes.

Quoi qu'il en soit de cette dispute de mots, dont l'obscurité du texte de Bulow serait la seule cause, je n'entends blâmer que les retraites divergentes, exécutées sur plusieurs rayons, sous prétexte de couvrir une plus grande étendue de frontières et de menacer l'ennemi sur ses deux flancs.

Avec ces grands mots de flancs, on donne un air d'importance aux systèmes les plus contraires aux principes de l'art. Une armée en retraite est toujours inférieure physiquement et moralement, parce qu'elle ne se retire que par suite de revers ou de son infériorité numérique. Faut-il donc l'affaiblir encore plus en la disséminant? Je ne combats pas les retraites exécutées sur plusieurs colonnes pour les rendre plus faciles, lorsque ces colonnes pourront se soutenir; je parle de celles qu'on effectuerait sur des lignes d'opérations divergentes. Je suppose une armée de 40 mille hommes en retraite devant une autre de 60 mille. Si la première forme quatre divisions isolées d'environ 10 mille hommes, l'ennemi en manœuvrant avec deux masses de 30 mille hommes chacune, ne pourra-t-il pas tourner, envelopper, disperser et ruiner successivement toutes ces divisions? Quel moyen auront-elles d'échapper à leur sort? *celui de se concentrer*. Or ce moyen étant opposé à une disposition divergente, ce système tombe de lui-même.

J'invoquerai, à l'appui de mon raisonnement, les grandes leçons de l'expérience. Lorsque les premières divisions de l'armée d'Italie furent repoussées par Wurmser, Bonaparte les rassembla toutes à Roverbella, et quoiqu'il n'eût que 40 mille hommes, il en battit 60 mille, parce qu'il n'eut à combattre que des colonnes isolées. S'il avait fait une retraite divergente, que seraient devenues son armée et ses conquêtes? Wurmser, après ce premier échec, fit une retraite excentrique, en dirigeant ses deux ailes vers les extrémités de sa ligne de défense : qu'arriva-t-il? la droite, quoique favorisée par les montagnes du Tyrol, fut battue à Trente; Bonaparte se dirigea ensuite sur les derrières de la gauche, et la détruisit à Bassano et à Mantoue.

Lorsque l'archiduc Charles céda aux premiers efforts de deux armées françaises, en 1796, aurait-il sauvé l'Allemagne par une manœuvre excentrique? N'est-ce pas au contraire à la direction concentrique de sa retraite que l'Allemagne dut son salut? Enfin, Moreau, qui avait marché sur un développement immense par divisions isolées, s'aperçut que ce système inconcevable était bon pour se faire détruire lorsqu'il était question de combattre et surtout de se retirer; il concentra ses forces disséminées, et tous les efforts de l'ennemi se brisèrent devant une masse qu'il fallait observer sur tous les points d'une ligne de quatre-vingts lieues. Après de tels exemples, on ne saurait, ce me semble, rien répliquer (*).

(*) Dix ans après cette première réfutation de Bulow, la retraite concentrique de Barclay et de Bagration sauva l'armée russe : bien

Il n'y a guère que deux cas où les retraites divergentes pourraient être admises comme des ressources extrêmes ; le premier, c'est lorsqu'une armée aurait éprouvé un grand échec dans son propre pays, et que ses fractions désunies chercheraient un puissant abri sous des places. Le second, c'est dans une guerre nationale, lorsque chaque fragment de l'armée ainsi éparpillée s'en irait servir de noyau au soulèvement d'une province ; mais dans une guerre purement militaire, c'est une absurdité.

Il existe une autre combinaison des retraites, qui se rapporte essentiellement à la stratégie ; c'est de déterminer le cas où il convient de les faire perpendiculaires, en partant de la frontière vers le centre du pays, ou bien de les diriger parallèlement à la frontière (*). Par exemple, le maréchal Soult, abandonnant les Pyrénées en 1814, avait à opter entre une retraite sur Bordeaux, qui l'eût mené au centre de la France, ou une retraite sur Toulouse en longeant la frontière des

---

qu'elle n'empêchât pas d'abord les succès de Napoléon, elle fut la première cause de sa perte.

(*) Ces retraites parallèles, s'il faut en croire les défenseurs de Bulow, ne seraient autre chose que celles qu'il a, dit-on, recommandées sous le nom d'excentriques.

Pyrénées. De même Frédéric, en se retirant de Moravie, marcha sur la Bohême au lieu de regagner la Silésie.

Ces retraites parallèles sont souvent préférables en ce qu'elles détournent l'ennemi d'une marche sur la capitale de l'état et sur le centre de sa puissance : la configuration des frontières, les forteresses qui s'y trouvent, l'espace plus ou moins vaste qu'une armée trouverait pour s'y mouvoir et rétablir ses communications directes avec le centre de l'état, sont autant de considérations qui influent sur l'opportunité de ces opérations.

L'Espagne, entre autres, offre de très grand avantages pour ce système. Si une armée française pénètre par Bayonne, les Espagnols ont le choix de se baser sur Pampelune et Saragosse, ou sur Léon et les Asturies, ce qui mettrait leur adversaire dans l'impossibilité de se diriger vers Madrid, en laissant son étroite ligne d'opérations à la merci des Espagnols.

La frontière de l'empire turc sur le Danube offrirait le même avantage pour cette puissance, si elle savait en profiter.

La France est également très propre à ce genre de guerre, surtout lorsqu'il n'existe pas dans le pays deux partis politiques qui peuvent aspirer à la possession de la capitale, et rendre son occupation décisive pour l'ennemi. Si celui-ci pénètre par les Alpes, les Français peuvent agir sur le Rhône et la Saône, en tournant autour de la frontière jusque sur la Moselle d'un côté, ou jusque sur la Provence de l'autre. S'il pénètre par Strasbourg, Mayence ou Valenciennes, il en est de même : l'occupation de Paris serait impossible ou du moins très hasardeuse, tant qu'une armée française intacte resterait basée sur sa ceinture de places fortes. Il en est au reste de même pour toutes les contrées ayant doubles fronts d'opérations (*).

L'Autriche n'aurait peut-être pas les mêmes avantages, à cause de la direction des Alpes rhétiques et tyroliennes et du cours du Danube; à la vérité, Lloyd, considérant la Bohême et le Tyrol comme deux bastions dont la ligne de l'Inn forme la redoutable courtine, semble au contraire présenter cette frontière comme la plus avantageuse à défendre par des mouvements latéraux.

(*) Dans tous ces calculs, je suppose les forces à peu près égales; si l'armée envahissante est le double plus forte, alors elle peut suivre, avec la moitié de ses troupes, celle qui se retire parallèlement, et porter l'autre moitié sur la capitale; mais à forces égales, cela serait impossible.

Cette assertion a reçu, comme nous l'avons dit, de cruels démentis dans les campagnes de 1800, 1805 et 1809, mais comme la défense latérale n'y a pas été précisément bien tentée, la question est encore susceptible de controverse.

Tout dépend, selon moi, des situations respectives et des antécédents; si une armée française, venant du Rhin par la Bavière, trouvait des alliés sur le Lech et l'Iser, et qu'elle fût en forces, il serait assez délicat de jeter toute l'armée autrichienne dans le Tyrol et dans la Bohême, dans l'idée d'arrêter ainsi sa marche directe; car il faudrait toujours laisser la moitié de cette armée autrichienne sur l'Inn pour couvrir les approches de la capitale; alors il y aurait division funeste dans les forces, et si l'on se décidait à concentrer l'armée entière dans le Tyrol, en laissant la route de Vienne à découvert, le moyen serait bien dangereux en présence d'un ennemi entreprenant. En Italie, au-delà du Mincio, la défense latérale serait difficile du côté du Tyrol, et en Bohême aussi contre un ennemi venant de Saxe, parce que l'échiquier manquerait d'étendue.

Mais c'est surtout en l'appliquant à la Prusse, que ce système de retraites parallèles offre toutes les variantes dont il est susceptible, car il serait parfait contre une armée débouchant de la Bohême sur l'Elbe ou sur l'Oder, tandis qu'il serait tout-à-fait impossible contre une armée française venant du Rhin, ou contre une armée russe venant de la Vistule, à moins toutefois que la Prusse ne fût alliée à l'Autriche. La raison de cette différence est dans la configuration géographique du pays, qui permet et qui favorise même les mouvements latéraux dans la direction de sa grande profondeur (de Mémel à Mayence), mais qui les rendrait désastreux dans la direction du petit espace qu'offre le pays du midi au nord (de Dresde à Stettin).

Lorsqu'une armée se met en retraite, par quelque motif que ce soit, il y a nécessairement aussi une poursuite.

La retraite, même la mieux ordonnée, exécutée avec une armée intacte, donne toujours un avantage à celui qui poursuit; mais c'est surtout après une défaite et dans des contrées éloignées que la retraite devient toujours l'opération la plus épineuse de la guerre, et ses difficultés s'accroissent proportionnellement à l'habileté que l'ennemi déploiera dans sa poursuite.

L'audace et l'activité de la poursuite seront naturellement influencées par le caractère plus ou moins entreprenant des chefs, mais aussi par l'état physique et moral des deux armées. On peut difficilement donner des règles absolues sur tous les cas qu'une poursuite peut présenter, mais il faut reconnaître :

1° Qu'en thèse générale, il est avantageux de la diriger sur le flanc des colonnes plutôt que sur la queue, surtout quand on est dans son propre pays, et que l'on peut sans danger prendre une direction diagonale ou même perpendiculaire à la ligne d'opérations de l'adversaire. Toutefois il ne faudrait pas se laisser entraîner à des mouvements trop larges, qui feraient perdre la trace de l'ennemi.

2° Qu'il est aussi généralement convenable de mettre dans la poursuite le plus d'activité et d'audace possible, surtout quand elle est le résultat d'une bataille gagnée, parce que la démoralisation entraîne la perte de l'armée battue.

3° Qu'il est peu de cas où il soit sage de faire un pont d'or à l'ennemi, quoi qu'en dise l'ancien adage romain; cela ne peut guère arriver que dans les occasions où une armée inférieure en forces aurait remporté un succès presque inespéré.

Nous ne saurions rien ajouter d'essentiel à ce

qu'on vient de dire des retraites, sous le rapport des grandes combinaisons. Il nous reste à indiquer les mesures de tactique qui peuvent en faciliter l'exécution.

Un des moyens les plus sûrs de bien exécuter une retraite, c'est de familiariser les officiers et les soldats avec l'idée que, de quelque côté que vienne l'ennemi, ils ne courent pas plus de risque en le combattant en queue qu'en tête; il faut aussi les persuader que le maintien de l'ordre est le seul moyen de sauver une troupe inquiétée dans une marche rétrograde. C'est surtout dans ces occasions que l'on peut apprécier les avantages d'une forte discipline, qui sera dans tous les temps le meilleur garant du maintien de l'ordre; mais pour exiger de la discipline, il importe d'assurer les subsistances, afin d'éviter que les troupes se débandent en maraudant.

Il est bon de placer à l'arrière-garde un chef doué d'un grand sang-froid, et des officiers d'état-major qui reconnaissent d'avance les points favorables où l'arrière-garde pourrait tenir pour suspendre la marche de l'ennemi, afin d'y placer la réserve de l'arrière-garde avec du canon (*). On

(*) Les qualités qui distinguent un bon général d'arrière-garde ne

aura soin de relever successivement les troupes échelonnées, de manière à ne jamais les laisser serrer de trop près.

La cavalerie pouvant aisément gagner de vitesse pour se rallier au corps de bataille, on comprend que de bonnes masses de cette arme facilitent beaucoup une retraite lente et méthodique, et donnent aussi les moyens de bien éclairer et flanquer la route, pour éviter que l'ennemi ne vienne à l'improviste troubler la marche des colonnes et en couper une partie.

Il suffit, en général, que l'arrière-garde tienne l'ennemi à une demi-marche du corps de bataille; l'exposer plus loin serait hasardeux et inutile : néanmoins, lorsqu'elle aura des défilés derrière elle, et qu'ils seront bien gardés par les siens, elle pourra prolonger un peu sa sphère d'opérations et rester jusqu'à une marche de l'armée, car les défilés facilitent autant une retraite quand on en est maître, qu'ils la rendent difficile lorsque l'ennemi s'en est emparé. Si l'armée est très nombreuse et l'arrière-garde forte à proportion, alors

---

sont pas communes, dans les armées méridionales surtout. Le maréchal Ney était le type de ce que l'on pouvait désirer de plus parfait en ce genre : l'armée russe est favorisée sous ce rapport, car l'esprit général de ses troupes est partagé nécessairement par les chefs.

elle peut bien demeurer jusqu'à une marche en arrière : cela dépend de sa force, de la nature du pays, et de l'ennemi auquel on a affaire. Si celui-ci devenait trop pressant, il importerait de ne pas se laisser serrer de trop près, surtout si l'armée était encore en assez bon ordre : il convient, dans ce cas, de s'arrêter de temps à autre, et de tomber à l'improviste sur les avant-gardes ennemies, comme l'archiduc Charles le fit en 1796 à Neresheim, Moreau à Biberach et Kléber à Ukerath. Une telle manœuvre réussit presque toujours par la surprise que ce retour offensif cause dans une troupe qui ne s'attend qu'à recueillir des trophées faciles.

Les passages de rivières en retraite offrent aussi des combinaisons qui ne sont pas sans intérêt : si c'est une petite rivière avec des ponts permanents, ce n'est qu'un passage de défilé ordinaire, mais si c'est un fleuve qu'on doive franchir sur des ponts de bateaux, c'est une manœuvre plus délicate. Toutes les précautions que l'on peut prescrire se bornent à faire prendre les devants aux parcs pour ne pas en être encombré : cette mesure indique assez qu'il est convenable que l'armée fasse halte à une demi-marche au moins de la rivière. Dans ce cas, il sera bon aussi que l'arrière-garde se tienne un peu plus loin du corps de bataille que de coutume, en tant que les localités du pays et les forces respectives ne s'y opposeraient point. Par ce moyen l'armée aura le temps de filer sans être serrée de trop près; il faudra seulement combiner la marche de l'arrière-garde de manière à ce qu'elle soit en position en avant des ponts, lorsque les dernières troupes du corps de bataille effectueront leur passage. Ce moment décisif paraîtra sans doute convenable pour relever l'arrière-garde par un corps frais, qu'on disposerait à l'avance sur un terrain bien reconnu. Alors l'arrière-garde traversera les intervalles de ce corps pour passer la rivière avant lui, et l'ennemi, étonné de trouver des troupes fraîches et disposées à le bien accueillir, ne tentera pas de les pousser: on gagnera ainsi la nuit sans échec, et la nouvelle arrière-garde pourra à son tour passer et rompre les ponts.

Il est entendu que les troupes, à mesure de leur passage, doivent se former à l'issue des ponts, et placer leurs batteries de manière à protéger les corps restés pour tenir tête à l'ennemi.

Les dangers d'un tel passage en retraite, et la nature des précautions qui peuvent le faciliter, indiquent assez que le meilleur moyen de le favoriser, serait de prendre d'avance ses mesures pour construire une tête de pont retranchée sur le point où l'on aurait jeté les ponts. Dans le cas où le temps ne permettrait pas d'en élever une régulière, on pourra du moins y suppléer par quelques redoutes bien armées, qui seront d'une grande utilité pour protéger la retraite des dernières troupes.

Si un passage de grande rivière offre tant de chances délicates lorsqu'on est suivi en queue par l'ennemi, c'est une affaire bien plus scabreuse encore quand l'armée se trouve assaillie à la fois en tête et en queue, et que la rivière à franchir est gardée par un corps imposant.

Le passage doublement célèbre de la Bérézina par les Français, est un des exemples les plus remarquables d'une pareille opération : jamais armée ne se trouva dans une situation plus désespérée et ne s'en tira plus glorieusement et plus habilement. Pressée par la famine, abîmée par le froid, éloignée de 500 lieues de sa base, assaillie en tête et en queue sur les bords d'une rivière marécageuse et au milieu de vastes forêts, comment espérer qu'elle pût en échapper ? Sans doute elle paya cher cet honneur; sans doute la faute de l'amiral Tschitchagoff contribua puissamment à la tirer d'embarras; mais l'armée n'en fit pas moins des efforts héroïques auxquels on doit rendre hommage. On ne sait ce qu'il faut admirer le plus, du plan d'opérations qui amena les armées russes du fond de la Moldavie, de Moscou et de Polotsk, sur la Bérézina, comme à un rendez-vous de paix, plan qui faillit amener la capture de leur redoutable adversaire, ou de la constance admirable du lion ainsi poursuivi, et qui parvint à s'ouvrir un passage.

Ne pas se laisser serrer de trop près, tromper l'ennemi sur le point de passage, fondre sur le corps qui barre la retraite avant que celui qui suit en queue puisse se rallier à lui, sont les uniques préceptes à donner. On peut y ajouter celui de ne jamais se placer en pareille position, car il est rare qu'on puisse s'en tirer.

Si l'armée en retraite doit tout faire pour mettre ses ponts à l'abri d'insulte, soit par une tête de pont régulière, soit par une ligne de redoutes qui protègent du moins l'arrière-garde, il est naturel aussi que l'ennemi poursuivant prenne toutes les mesures possibles pour détruire les ponts. Lorsque la retraite se fait en descendant le cours du fleuve, il peut y jeter des bâtiments en bois, des brûlots, des moulins, comme les Autrichiens le firent contre l'armée de Jourdan, en 1796, près de Neuwied sur le Rhin, où ils faillirent compromettre l'armée de Sambre et Meuse. L'archiduc Charles en fit autant en 1809, au fameux passage d'Essling; il rompit le pont du Danube, et mit Napoléon à deux doigts de sa perte.

Il y a peu de moyens pour placer un pont à l'abri de pareilles attaques, à moins qu'on n'ait le temps de préparer des estacades de pilotis. On peut aussi amarrer, par des câbles, quelques bateaux pour arrêter les matériaux lancés sur le courant, et avoir le moyen d'éteindre les brûlots.

ARTICLE XXXIX.

****

Des cantonnements en marche ou en quartiers d'hiver.

On a tant écrit sur cette matière, et elle tient si indirectement à notre sujet, que nous n'en dirons que peu de mots.

Les cantonnements en pleine guerre sont en général une opération assez délicate, quelques resserrés qu'on puisse les faire, il est toujours difficile qu'ils le soient assez pour ne pas donner prise à l'ennemi. Un pays où il y a abondance de grandes villes, comme la Lombardie, la Saxe, les Pays-Bas, la Souabe, la vieille Prusse, présente plus de facilités pour y établir des quartiers, que des pays où les villes sont rares : non-seulement on y trouve des ressources pour la subsistance des troupes, mais on y trouve des abris rapprochés qui permettent de tenir les divisions ensemble. En Pologne, en Russie, dans une partie de l'Autriche et de la France, en Espagne, dans l'Italie méridionale, il est plus difficile de s'établir en quartiers d'hiver.

Autrefois chaque parti y entrait de son côté à la fin d'octobre, et on se contentait de s'enlever réciproquement quelques bataillons trop isolés aux avant-postes; c'était la guerre des partisans.

La surprise des quartiers d'hiver autrichiens par Turenne, dans la Haute-Alsace, en 1674, est une des opérations qui indiquent le mieux ce qu'on peut entreprendre contre des cantonnements ennemis, et les précautions qu'on doit prendre de son côté pour que l'ennemi ne forme pas les mêmes entreprises.

Etablir ses cantonnements très serrés, et sur un espace aussi étendu en profondeur qu'en largeur, afin d'éviter une ligne trop longue, toujours facile à percer et impossible à rallier; les couvrir par une rivière ou par une première ligne de troupes baraquées et appuyées d'ouvrages de campagne; fixer des lieux de concentration que l'on puisse en tout cas atteindre avant l'ennemi; faire battre les avenues de l'armée par des patrouilles permanentes de cavalerie; enfin établir des signaux d'alarme pour le cas d'une attaque sérieuse; voilà, selon moi, les meilleures maximes qu'on puisse donner.

Dans l'hiver de 1807, Napoléon cantonna son

armée derrière la Passarge en face de l'ennemi; les avant-gardes seules furent campées dans des baraques à proximité des villes de Gutstadt, Osterode, etc. Cette armée dépassait 120 mille hommes, et il fallut beaucoup d'habileté pour la mainenir et la nourrir dans cette position jusqu'au mois de juin. Le pays prêtait, il est vrai, à ce système, et l'on n'en trouve pas partout d'aussi convenable.

Une armée de 100 mille hommes peut trouver des quartiers d'hiver serrés dans les pays où les villes abondent, et dont nous avons parlé plus haut. Quand l'armée est plus nombreuse, la difficulté s'accroît; toutefois, il est vrai que si l'étendue des quartiers s'augmente à mesure de la force numérique, il faut avouer aussi que les moyens de résistance à opposer à une irruption ennemie s'accroissent dans la même progression: l'essentiel est de pouvoir réunir 50 à 60 mille hommes en 24 heures; avec cette force et la certitude de la voir encore augmenter successivement, on peut résister jusqu'au rassemblement de l'armée, quelque nombreuse qu'elle soit.

Malgré cela il faut convenir, qu'il sera toujours délicat de cantonner lorsque l'ennemi, restant réuni, voudrait y mettre obstacle, et on doit en conclure, que le seul moyen assuré de reposer une armée durant l'hiver, ou au milieu d'une campagne, c'est de lui donner des quartiers garantis par un fleuve ou par un armistice.

Dans les positions stratégiques qu'une armée prend dans le courant de la campagne, soit en marche, soit pour rester en observation, ou pour attendre l'occasion de ressaisir l'offensive, elle occupera probablement aussi des cantonnements serrés : ces sortes de positions exigent, de la part du général, un calcul exercé, pour juger tout ce qu'il peut avoir à redouter de l'ennemi. L'armée doit embrasser un espace suffisant pour y trouver des moyens d'existence, et cependant elle doit demeurer, aussi bien que possible, en mesure de recevoir l'ennemi s'il se présentait : deux conditions assez difficiles à concilier. Il n'y a pas de meilleur moyen que de placer ses divisions sur un espace à peu près carré, c'est-à-dire aussi étendu en profondeur qu'en largeur, de manière qu'en cas d'événement on puisse réunir l'armée sur tout point de l'échiquier où l'ennemi viendrait l'inquiéter. Neuf divisions, placées ainsi à une demi-marche l'une de l'autre, peuvent en douze heures être réunies sur celle du centre. On doit, du reste, pratiquer en pareil cas tout ce qui est recommandé pour les quartiers d'hiver.

ARTICLE XL.

****

Des descentes.

Les descentes sont une des opérations de la guerre qui se voient le plus rarement, et qu'on peut ranger au nombre des plus difficiles, lorsqu'elles ont lieu en présence d'un ennemi bien préparé.

Depuis l'invention de l'artillerie et les changements qu'elle a dû produire dans la marine, les vaisseaux de transport sont trop subordonnés aux colosses à trois ponts armés de cent foudres de guerre, pour qu'une armée puisse effectuer des descentes sans le secours d'une flotte nombreuse de vaisseaux de haut bord, qui tienne la mer, du moins jusqu'au moment du débarquement.

Avant cette invention, les vaisseaux de transport étaient à la fois des vaisseaux de guerre; ils allaient au besoin à la rame, étaient légers et pouvaient longer les côtes; leur nombre était proportionné aux troupes à embarquer; et, à part la chance des tempêtes, on pouvait presque combiner les opérations d'une flotte comme celles d'une armée de terre. Aussi l'histoire ancienne offre-t-elle l'exemple de plus grands débarquements que les temps modernes (*).

Qui ne se rappelle les grands armements des Perses dans la mer Noire, le Bosphore et l'Archipel ; ces innombrables armées de Xerxès et de Darius, transportées en Thrace, en Grèce ; les expéditions nombreuses des Carthaginois et des Romains en Espagne et en Sicile ; l'expédition d'Alexandre en Asie mineure ; celles de César en Angleterre et en Afrique ; celle de Germanicus aux bouches de l'Elbe ; les croisades ; les expéditions des peuples du nord en Angleterre, en France et jusqu'en Italie ?

Depuis l'invention du canon, la trop célèbre *Armada* de Philippe II fut la seule entreprise colossale, jusqu'à celle que Napoléon forma contre l'Angleterre en 1803. Toutes les autres expéditions d'outre-mer furent des opérations partielles : celles de Charles-Quint et de Sébastien de Portugal sur la côte d'Afrique ; plusieurs descentes, comme

(*) J'ai donné, dans la précédente édition, une longue notice des principales expéditions d'outre-mer ; si l'espace le permet je la reproduirai à la fin de ce volume.

celles des Français aux Etats-unis d'Amérique, en Egypte et à Saint-Domingue, celles des Anglais en Egypte, en Hollande, à Copenhague, à Anvers, à Philadelphie, rentrent toutes dans la même catégorie. Je ne parle pas du projet de Hoche contre l'Irlande, car il ne réussit pas, et signale toute la difficulté de ces sortes d'entreprises.

Les armées nombreuses que les grands états entretiennent aujourd'hui, ne permettent pas de les attaquer par des descentes de 30 à 40 mille hommes : on ne peut donc former de pareilles entreprises que contre des états secondaires, car il est bien difficile d'embarquer 100 à 150 mille hommes avec l'attirail immense d'artillerie, de munitions, de cavalerie, etc.

Cependant, on a été sur le point de voir résoudre, de nos jours, cet immense problème des *grandes descentes*, s'il est vrai que jamais Napoléon ait eu réellement le projet sérieux de transporter ses 160 mille vétérans, de Boulogne au sein des îles Britanniques : malheureusement la non exécution de ce projet colossal a laissé un voile impénétrable sur cette grave question.

Il n'était pas impossible de réunir 50 vaisseaux de ligne français dans la Manche, en donnant le change aux Anglais; cette réunion fut à la veille de s'effectuer : dès lors il n'était donc pas impossible, si le vent favorisait l'entreprise, de faire passer la flottille en deux jours et d'opérer le débarquement. Mais que serait devenue l'armée, si un coup de vent dispersait la flotte de haut-bord, et si les Anglais revenus en forces dans la Manche, la battaient ou la contraignaient à regagner ses ports ?

La postérité regrettera, pour l'exemple des siècles à venir, que cette immense entreprise n'ait pas été menée à sa fin, ou du moins tentée. Sans doute bien des braves y eussent trouvé le trépas; mais ces braves n'ont-ils pas été moissonnés moins utilement dans les plaines de la Souabe, de la Moravie, de la Castille, dans les montagnes du Portugal ou dans les forêts de la Lithuanie? Quel mortel ne serait glorieux de contribuer au jugement du plus grand procès, qui ait jamais été débattu entre deux grandes nations? Du moins nos neveux trouveront-ils, dans les préparatifs qui furent faits pour cette descente, une des plus importantes leçons que ce siècle mémorable ait fournies à l'étude des militaires et des hommes d'état. Les travaux de toute espèce, faits sur les côtes de France de 1803 à 1805, seront un des monuments les plus extraordinaires de l'activité, de la prévoyance et de l'habileté de Napoléon; on ne peut trop les recommander à l'étude des jeunes militaires. Mais en admettant même la possibilité de réussir dans une grande descente, entreprise sur une côte aussi voisine que Boulogne l'est de Douvres, quel succès pourrait-on s'en promettre, si une pareille *Armada* avait une navigation plus longue à faire pour atteindre son but? Quel moyen de faire marcher une pareille multitude de petits bâtiments, seulement pendant deux jours et deux nuits? Et à quelles chances ne s'exposerait-on pas en s'engageant dans une telle navigation en haute mer, avec de légères péniches? Outre cela, l'artillerie, les munitions de guerre, l'équipement, les vivres, l'eaudouce qu'il faut embarquer avec cette multitude d'hommes, exigent des préparatifs et un attirail immenses.

L'expérience a démontré les difficultés d'une expédition lointaine, même pour des corps qui n'excèdent pas 30 mille hommes. Dès lors il est évident qu'une descente ne peut s'effectuer avec telle force que dans quatre hypothèses :

1° Contre des colonies ou possessions isolées;

2° Contre des puissances de second rang qui ne sauraient être immédiatement soutenues;

3° Pour opérer une diversion momentanée, ou enlever un poste dont l'occupation pour un temps donné aurait une haute importance;

4° Pour une diversion à la fois politique et militaire contre un état déjà engagé dans une grande guerre, et dont les troupes seraient employées loin de là.

Ces sortes d'opérations sont difficiles à soumettre à des règles : donner le change à l'ennemi sur le point de débarquement; choisir un mouillage où il puisse se faire simultanément; y mettre toute l'activité possible, et s'emparer promptement d'un point d'appui pour protéger le développement successif des troupes; mettre aussitôt à terre de l'artillerie pour donner assurance et protection aux troupes débarquées, voilà à peu près tout ce que l'on peut recommander à l'assaillant.

La grande difficulté d'une telle opération vient de ce que les vaisseaux de transport, ne pouvant jamais approcher de la plage, il faut mettre les troupes sur le peu de chaloupes qui suivent la flotte, en sorte que la descente est longue et successive; ce qui donne à l'ennemi de grands avantages, pour peu qu'il soit en mesure. Si la mer est tant soit peu houleuse, le sort des troupes de débarquement sera fort hasardé, car que peut de l'infanterie entassée dans des chaloupes, battue par les vagues, ordinairement éprouvée par le mal de mer, et à peu près hors d'état de se servir de ses armes.

Quant au défenseur, on ne peut que lui conseiller de ne pas trop diviser ses troupes pour tout couvrir. Il est impossible de garnir toutes les plages d'un pays de batteries de côtes, et de bataillons pour les défendre; mais il faut du moins couvrir les approches des points où l'on aurait de grands établissements à protéger. Il faut avoir des signaux pour connaître promptement le point de débarquement, et réunir s'il est possible tous ses moyens, avant que l'ennemi ait pris pied solidement avec tous les siens.

La configuration des côtes influera autant sur la descente que sur la défense : il est des contrées dont les côtes sont escarpées et offrent peu de points accessibles à la fois aux vaisseaux et aux troupes qu'il s'agit de mettre à terre; alors ces points connus étant peu nombreux, sont plus faciles à surveiller, et l'entreprise en devient plus difficile.

Enfin les descentes offrent une combinaison stratégique qu'il est utile de signaler. C'est que le principe qui interdit à une armée continentale de porter ses principales forces entre la mer et l'armée ennemie, exige au contraire que l'armée qui opère une descente conserve toujours sa force principale en communication avec le rivage, qui est à la fois sa ligne de retraite et sa base d'approvisionnements. Par la même raison, son premier soin doit être de s'assurer d'un port fortifié, ou du moins d'une langue de terre facile à retrancher et à portée d'un bon mouillage, afin qu'en cas de revers le rembarquement puisse se faire sans trop de précipitation et de perte, au moyen de cette presqu'île qui servirait de place d'armes pour mettre les troupes à l'abri pendant l'opération.

CHAPITRE VI.

SUR LA LOGISTIQUE,

OU ART PRATIQUE DE MOUVOIR LES ARMÉES.

ARTICLE XLI.

Quelques mots sur la logistique en général.

La logistique est-elle uniquement une science de détail? Est-ce au contraire une science générale, formant une des parties les plus essentielles de l'art de la guerre, ou bien enfin ne serait-ce qu'une expression consacrée par l'usage, pour désigner vaguement les diverses branches du service de l'état-major, c'est-à-dire les divers moyens d'appliquer les combinaisons spéculatives de l'art aux opérations effectives?

Ces questions paraîtront singulières à ceux qui sont dans la ferme persuasion qu'il n'y a plus rien à dire sur la guerre et qu'on a tort de chercher de nouvelles définitions lorsque tout leur semble si bien défini. Pour moi, qui suis persuadé que de bonnes définitions amènent la clarté des conceptions, j'avoue que je suis presque embarrassé de résoudre ces questions en apparence si simples.

Dans les premières éditions de cet ouvrage, j'ai, à l'exemple de bien des militaires, rangé la logistique dans la classe des détails d'exécution du service de l'état-major, qui font l'objet du réglement sur le service de campagne et de quelques instructions spéciales sur le corps des quartiers-maîtres. Cette opinion était le résultat de préjugés consacrés par le temps; le mot de logistique dérive, comme on sait, de celui de major général des logis (traduit en allemand par celui de Quartiermeister), espèce d'officiers qui avaient jadis la fonction de loger ou camper les troupes, de diriger les colonnes, de les placer sur le terrain. Là se bornait toute la logistique qui, comme on le voit, embrassait néanmoins la castramétation ordinaire. Mais d'après la nouvelle manière de faire la guerre sans camps, les mouvements furent plus compliqués et l'état-major eut aussi des attributions plus étendues. Le chef de l'état-major fut chargé de transmettre la pensée du généralissime sur les points les plus éloignés du théâtre de la guerre, de lui procurer les documents pour asseoir ses opérations. Associé à toutes ces combinaisons, appelé à les transmettre, à les expliquer, et même à en surveiller l'exécution dans leur ensemble ainsi que dans les moindres détails, ses fonctions s'étendirent nécessairement à toutes les opérations d'une campagne.

Dès lors la science d'un chef d'état-major dut embrasser aussi les différentes parties de l'art de la guerre, et si c'est elle que l'on désigne sous le nom de logistique, il suffirait à peine des deux ouvrages de l'archiduc Charles, des volumineux traités de Guibert, de Laroche-Aymon, de Bousmard et du marquis de Ternay, pour esquisser le cours incomplet d'une logistique pareille, car elle ne serait rien moins que la science d'application de toutes les sciences militaires.

De ce qui précède il semble résulter naturellement, que l'ancienne logistique ne saurait plus suffire pour désigner la science des états-majors, et que les fonctions actuelles de ce corps, si l'on tenait à lui donner une instruction qui répondît pleinement à son but, demanderaient encore à être formulées, partie en corps de doctrines, partie en dispositions réglementaires. Ce serait aux gouvernements à prendre l'initiative en publiant des réglements bien mûris, qui après avoir tracé tous les devoirs et les attributions des chefs et officiers de l'état-major, seraient suivis d'une instruction claire et précise pour leur tracer aussi les méthodes les plus propres à bien remplir ces devoirs.

L'état-major autrichien avait jadis une pareille instruction réglementaire : mais un peu surannée, elle se trouvait plus appropriée aux vieilles méthodes qu'au système nouveau. Cet ouvrage est du reste le seul de ce genre qui soit parvenu jusqu'à moi ; je ne doute pas qu'il en existe d'autres, soit publics, soit secrets ; mais j'avoue franchement l'ignorance où je suis à ce sujet. Quelques généraux, comme Grimoard et Thiebaut, ont mis au jour des manuels d'état-major ; le nouveau corps royal de France a fait imprimer plusieurs instructions partielles, mais un ensemble satisfaisant n'existe encore nulle part. Je crois que M. le général Boutourlin a le projet de publier bientôt une instruction adressée à ses officiers alors qu'il était quartier-maître général, et l'on ne peut que former des vœux pour qu'il le réalise sans délai, car il ne manquera pas de jeter une vive lumière sur cet intéressant sujet, sur lequel il reste encore beaucoup à dire.

S'il est reconnu que l'ancienne logistique n'était qu'une science de détails pour régler le matériel des marches; s'il est avéré que les fonctions de l'état-major embrassent aujourd'hui les combinaisons les plus élevées de la stratégie, il faudra admettre aussi que la logistique n'est plus qu'une parcelle de la science des états-majors, ou bien qu'il faut lui donner un autre développement et en faire une science nouvelle, qui ne sera pas seulement celle des états-majors, mais encore celle des généraux en chef.

Afin de nous en convaincre, énumérons les points principaux qu'elle devra embrasser pour comprendre tout ce qui se rapporte aux mouvements des armées et aux entreprises qui en résultent :

1° Faire préparer d'avance tous les objets matériels nécessaires pour mettre l'armée en mouvement, c'est-à-dire pour ouvrir la campagne. Tracer les ordres, instructions et itinéraires (Marschroute) pour la rassembler et la mettre ensuite en action.

2° Bien rédiger tous les ordres du général en

chef pour les diverses entreprises, de même que les projets d'attaque pour les combats prévus ou prémédités.

3° Concerter avec les chefs du génie et de l'artillerie les mesures à prendre pour mettre à l'abri les différents postes nécessaires à l'établissement des dépôts, comme aussi ceux qu'il conviendrait de fortifier à l'effet de faciliter les opérations de l'armée.

4° Ordonner et diriger les reconnaissances de toute espèce, et procurer, tant par ce moyen que par l'espionnage, les renseignements aussi exacts que possible des positions et mouvements de l'ennemi.

5° Prendre toutes les mesures afin de bien combiner les mouvements ordonnés par le général en chef. Concerter la marche des diverses colonnes, afin qu'elle se fasse avec ordre et ensemble; s'assurer que tous les moyens usités pour rendre cette marche à la fois aisée et sûre, soient préparés à cet effet; régler le mode et le moment des haltes.

6° Bien composer, et diriger par de bonnes instructions, les avant-gardes ou arrière-gardes, ainsi que les corps détachés, soit comme flanqueurs, soit avec d'autres destinations. Munir ces différents corps de tous les objets nécessaires pour remplir leur mission.

7° Arrêter les formules et instructions aux chefs de corps ou à leurs états-majors, pour diverses méthodes de répartir les troupes dans les colonnes à portée de l'ennemi, de même que pour les former le plus convenablement lorsqu'il faudra se mettre en ligne pour combattre, selon la nature de terrain, et l'espèce d'ennemi à laquelle on aura à faire (*).

8° Indiquer aux avant-gardes et autres corps détachés, des points de rassemblement bien choisis, pour le cas où ils seraient attaqués par des forces supérieures, et leur faire connaître quel appui ils peuvent se flatter de trouver au besoin.

9° Ordonner et surveiller la marche des parcs d'équipages, de munitions, de vivres et d'ambulances, tant dans les colonnes que sur les derrières, de manière à ce qu'ils ne gênent point les troupes tout en restant à leur proximité; prendre les mesures d'ordre et de sûreté soit en marche soit dans les gîtes et wagenburg (barricades de charriots).

(*) Il s'agit ici d'instructions et formules générales et non répétées pour chaque mouvement journalier; ce qui serait impraticable.

10° Tenir la main à l'arrivage successif des convois destinés à remplacer les vivres ou munitions consommées. Assurer la réunion de tous les moyens de transport tant du pays que de l'armée, et en régler l'emploi.

11° Diriger l'établissement des camps et régler le service pour leur sûreté, l'ordre et la police.

12° Etablir et organiser les lignes d'opérations et lignes d'étapes de l'armée, ainsi que les communications des corps détachés avec cette ligne. Désigner des officiers capables pour organiser et commander les derrières de l'armée; y veiller à la sûreté des détachements et convois; les munir de bonnes instructions: veiller aussi à l'entretien des moyens de communication entre l'armée et sa base.

13° Organiser sur cette ligne les dépôts de convalescents, d'éclopés, de malingres; les hôpitaux mobiles, les atteliers de confection; pourvoir à leur sûreté.

14° Tenir note exacte de tous les détachements formés soit sur les flancs, soit sur les derrières; veiller à leur sort et à leur rentrée aussitôt qu'ils ne seraient plus nécessaires; leur donner au besoin un centre d'action et en former des réserves stratégiques.

15° Organiser les bataillons ou compagnies de marche pour réunir en faisceau les hommes isolés ou petits détachements allant de l'armée à la base d'opérations, ou de cette base à l'armée.

16° En cas de siéges, ordonner et surveiller le service des troupes dans les tranchées, se concerter avec les chefs du génie sur tous les travaux à prescrire à ces troupes, et sur leur conduite dans les sorties comme dans les assauts.

17° Prendre, dans les retraites, les mesures de précaution nécessaires pour en assurer l'ordre; placer les troupes de relai qui devront soutenir et relever celles de l'arrière-garde; charger des officiers d'état-major intelligents de la reconnaissance de tous les points où les arrière-gardes pourraient tenir avec succès pour gagner du temps; pourvoir d'avance à la marche des *Impedimenta*, afin de ne rien abandonner du matériel; y maintenir sévèrement l'ordre et prendre les précautions pour veiller à leur sûreté.

18° Pour les cantonnements, en faire la répartition entre les différents corps, indiquer à chacun des corps d'armée la place d'alarme générale, leur prescrire les mesures de surveillance et tenir la main à ce que les règlements s'exécutent ponctuellement.

A l'examen de cette vaste nomenclature, que l'on pourrait encore grossir de bien des articles minutieux, chacun se récriera que tous ces devoirs sont autant ceux du généralissime que ceux de l'état-major : c'est une vérité que nous venons de proclamer tout à l'heure, mais il est incontestable aussi que c'est précisément pour que le général en chef puisse vouer tous ses soins à la direction suprême des opérations, qu'on lui a donné un état-major chargé des détails d'exécution ; dès lors toutes leurs attributions sont nécessairement en communauté, et malheur à l'armée quand ces autorités cessent de n'en faire qu'une; cela n'arrive cependant que trop fréquemment, d'abord parce que les généraux sont hommes et qu'ils en ont tous les défauts ; ensuite, parce qu'il ne manque pas dans l'armée d'intérêts ou de prétentions en rivalité avec les chefs d'état-major (*).

On ne saurait attendre de notre Précis un traité complet pour régler tous les points de cette science

---

(*) Les chefs de l'artillerie, du génie, et de l'administration, prétendent tous travailler avec le général en chef et non avec le chef d'état-major. Rien sans doute ne doit empêcher ces rapports directs de ces autorités avec le général en chef ; mais il doit travailler avec elles en présence du chef d'état-major et lui renvoyer toute leur correspondance ; autrement il y aurait confusion.

presque universelle de l'état-major; car, en premier lieu, chaque pays attribue à ce corps une compétence plus ou moins étendue, en sorte qu'il faudrait un traité différent pour chaque armée; ensuite beaucoup de ces détails se trouvent tant dans les ouvrages précités que dans celui du colonel Lallemant intitulé : *Traité des opérations secondaires de la guerre;* dans celui du marquis de Ternay, enfin dans le premier ouvrage de l'archiduc Charles intitulé *Grundsatze der hoheren Kriegs-Kunst.*

Je me bornerai donc à présenter quelques idées sur les premiers articles de la nomenclature qui précède.

1° Les mesures que l'état-major doit prendre pour préparer l'entrée en campagne, embrassent toutes celles qui sont de nature à faciliter la réussite du premier plan d'opérations. On doit naturellement s'assurer, par des revues des différents services, que tout le matériel est en bon état; les chevaux, les voitures ou caissons, les attelages, l'harnachement, la chaussure, doivent être examinés ou complétés. Les équipages de ponts, les caisses d'outils du génie, le matériel d'artillerie, les équipages de siége si on doit les mouvoir, enfin ceux de l'ambulance, tout en un mot ce qui constitue le matériel, doit être vérifié et mis en bon état.

Si l'on ouvre la campagne dans le voisinage de grands fleuves, il faudra préparer à l'avance des chaloupes canonnières et des ponts volants, puis faire retirer toutes les embarcations sur les points et à la rive où l'on croira devoir s'en servir. Des officiers intelligents devront reconnaître les points les plus favorables tant pour l'embarquement que pour l'arrivage, en préférant les localités qui offriraient les chances de succès les plus certaines pour un premier établissement sur la rive opposée.

L'état-major préparera tous les itinéraires qui seront nécessaires pour amener les différents corps d'armée sur les points de rassemblement, en s'attachant surtout à diriger les marches de manière à ne rien faire préjuger à l'ennemi relativement aux entreprises que l'on aurait dessein de former.

Si la guerre est offensive on conviendra avec les chefs du génie des travaux à exécuter à proximité de la base d'opérations, dans le cas où des têtes de ponts ou camps retranchés devraient y être construits.

Si la guerre est défensive, on ordonnera ces

travaux entre la première ligne de défense et la seconde base.

2° Une partie essentielle de la logistique est sans contredit celle qui concerne la rédaction des dispositions de marches ou d'attaques, arrêtées par le général en chef et transmises par l'état-major. La première qualité d'un général, après celle de savoir former de bons plans, sera incontestablement de faciliter l'exécution de ses ordres par la manière lucide dont il les rédigera. Quoique ce soit au fond la besogne de son chef d'état-major, ce sera toujours du commandant en chef qu'émanera le mérite de ses dispositions s'il est un grand capitaine; en cas contraire, le chef d'état-major y suppléera autant qu'il sera en son pouvoir, en se concertant bien avec le chef responsable.

J'ai vu employer par moi-même deux systèmes fort opposés pour cette branche importante du service : le premier, que l'on peut nommer la vieille école, consiste à donner chaque jour, pour les mouvements de l'armée, des dispositions générales remplies de détails minutieux et en quelque sorte scolastiques, d'autant plus déplacés qu'ils sont ordinairement adressés à des chefs de corps assez expérimentés pour qu'on ne les mène pas à la lisière comme des sous-lieutenants sortant de l'école.

L'autre système est celui des ordres isolés, donnés par Napoléon à ses maréchaux, ne prescrivant à chacun d'eux que ce qui le concernait particulièrement, et se bornant tout au plus à leur donner connaissance des corps destinés à opérer en commun avec eux, soit à droite, soit à gauche, mais ne leur traçant jamais l'ensemble des opérations de l'armée entière (*). J'ai eu lieu de me convaincre qu'il en agissait ainsi par système, soit pour couvrir l'ensemble de ses combinaisons d'un voile mystérieux, soit dans la crainte que des ordres plus généraux venant à tomber entre les mains de l'ennemi, n'aidassent celui-ci à déjouer ses projets.

Sans doute il est fort avantageux de tenir ses entreprises secrètes, et Frédéric-le-Grand disait avec raison que, si son bonnet de nuit savait ce qu'il avait en tête, il le jetterait au feu. Ce secret pouvait être praticable du temps où Frédéric campait avec toute son armée blottie autour de

---

(*) Je crois qu'au passage du Danube avant Wagram et au début de la seconde campagne de 1813, Napoléon dévia de son habitude en traçant un ordre général.

lui ; mais sur l'échelle où Napoléon manœuvrait, et avec la manière de faire la guerre aujourd'hui, quel ensemble espérer de la part de généraux qui ignoreraient absolument ce qui se passe autour d'eux ?

De ces deux systèmes, le dernier me paraît préférable; toutefois on pourrait adopter un terme moyen entre le laconisme souvent outré de Napoléon et le verbiage minutieux qui prescrivait à des généraux expérimentés tels que Barclay, Kleist; Wittgenstein, la manière dont ils devaient rompre par pelotons et se reformer en arrivant à leurs positions ; puérilité d'autant plus fâcheuse qu'elle devenait inexécutable en face de l'ennemi (*). Il suffirait, selon moi, de donner aux généraux des ordres particuliers pour ce qui concerne leurs corps d'armée, et d'y joindre quelques lignes chiffrées pour leur indiquer, en peu de mots, l'en-

---

(*) On me reprochera peut-être d'interdire ici aux chefs de l'état-major général, ces mêmes détails que je place plus haut au nombre de leurs plus importans devoirs ; ce qui serait injuste. Ces détails sont en effet du ressort de l'état-major, ce qui ne veut pas dire que le major-général ne puisse les confier au délégué qu'il a dans chacun des corps d'armée marchant isolément. Il aura assez à faire à diriger l'ensemble et à veiller particulièrement sur les marches du corps de bataille qui accompagne ordinairement le quartier-général de l'armée. *On voit donc qu'il n'y a aucune contradiction.*

semble de l'opération et la part qui leur est réservée. A défaut de ce chiffre, on confiera l'ordre verbal à un officier capable de le bien concevoir et de le rendre exactement. Les indiscrets ne seraient plus à craindre et l'ensemble dans les opérations serait assuré.

Quoi qu'il en soit, la rédaction de ces dispositions est en elle-même une chose fort importante, bien qu'elle ne remplisse pas toujours ce qu'on serait en droit d'en attendre : chacun rédige ses instructions selon ses vues, son caractère, sa capacité, et rien ne saurait mieux signaler le degré de mérite des chefs d'une armée, que la lecture attentive des dispositions qu'ils ont données à leurs lieutenants : c'est la meilleure biographie qu'on puisse désirer.

Mais il est temps de quitter cette digression pour en venir à l'article des marches.

3° L'armée étant rassemblée et voulant se porter à une entreprise quelconque, il s'agira de la mettre en mouvement avec tout l'ensemble et la précision possibles, en prenant toutes les mesures d'usage pour l'éclairer et la couvrir dans ses mouvements.

Il est deux sortes de marches : celles qui se font hors de vue de l'ennemi, et celles qui ont lieu en sa présence, lorsqu'il s'agit de se retirer ou de l'attaquer. Ces marches surtout ont subi de grands changements dans les dernières campagnes. Jadis les armées ne s'abordaient guère qu'après avoir été plusieurs jours en présence; alors l'attaquant faisait ouvrir, par des pionniers, des chemins parallèles pour les diverses colonnes. Aujourd'hui on s'aborde plus promptement et l'on se contente des chemins existants. Toutefois il est essentiel, lorsqu'une armée est en marche, que des pionniers et des sapeurs suivent les avant-gardes, pour multiplier les issues, aplanir les difficultés, jeter au besoin de petits ponts sur les ruisseaux, et assurer de fréquentes communications entre les divers corps d'armée.

Dans la manière actuelle de marcher, le calcul du temps et des distances est devenu plus compliqué; les colonnes d'une armée ayant toutes des espaces différents à parcourir, il faut savoir combiner le moment de leur départ et leurs instructions: 1°) avec les distances qu'elles ont à franchir; 2°) avec le matériel plus ou moins considérable que chacune traînera à sa suite; 3°) avec la nature du pays plus ou moins difficile; 4°) avec les rapports qu'on a sur les obstacles que l'ennemi peut leur opposer; 5°) avec le degré d'importance qu'il y aurait à ce que leur marche fût cachée ou découverte.

Dans cet état de choses, le moyen qui paraît le plus sûr et le plus simple pour ordonner les mouvements, soit aux grands corps formant les ailes de l'armée, soit à tous ceux qui ne marcheraient pas avec la colonne où se trouve le quartier général, sera de s'en rapporter pour les détails à l'expérience des généraux commandant ces corps, en ayant soin de les habituer à une grande ponctualité. Alors il suffira de leur indiquer le point et le but qu'ils doivent chercher à atteindre, la route qu'ils doivent prendre, et l'heure à laquelle on compte qu'ils arriveront en position. Bien entendu qu'on doit leur faire connaître les corps qui marcheraient, soit avec eux, soit sur les routes latérales de droite et de gauche, pour qu'ils puissent se régler en conséquence; enfin on leur dira ce qu'on saurait d'intéressant sur la présence de l'ennemi, et on leur indiquera une direction de retraite s'ils y étaient forcés (*).

Tous les détails qui tendraient à prescrire cha-

(*) Napoléon ne le faisait jamais parce qu'il prétendait qu'on ne devait jamais croire d'avance à la possibilité d'être battu. Dans bien des marches c'est en effet une précaution inutile, mais en beaucoup de cas elle est indispensable.

que jour, aux chefs de ces corps, la manière de former leurs colonnes et de les remettre en position, sont du pédantisme plus nuisible qu'utile. Tenir la main à ce qu'ils marchent habituellement selon les règlements ou usages adoptés, c'est chose nécessaire ; mais il faut leur laisser la latitude d'organiser leurs mouvements de manière à arriver à l'heure et au point indiqués, sauf à les renvoyer de l'armée s'ils y manquent par leur faute ou leur mauvaise volonté. Dans les retraites néanmoins, qui seraient échelonnées sur une seule route, il faudra prendre des mesures précises pour les départs et les haltes.

Il va sans dire que chaque colonne doit avoir sa petite avant-garde et ses flanqueurs pour marcher selon les précautions requises, et il convient, lors même qu'elles marcheraient en seconde ligne, qu'à leur tête se trouvent toujours quelques pionniers et sapeurs des divisions, avec les outils pour ouvrir les marches nécessaires, ou réparer les accidents qui pourraient survenir ; quelques-uns de ces travailleurs doivent être assignés à chaque colonne de parc ; de même un léger équipage de chevalets pour jeter de petits ponts sera toujours d'une grande utilité.

4° L'armée marche souvent précédée d'une

avant-garde générale, ou, ce qui est plus fréquent dans le système moderne, le corps de bataille et chacune des ailes ont leur avant-garde particulière. Il est assez d'usage que les réserves et le centre marchent ensemble avec le quartier général, et, selon toute probabilité, l'avant-garde générale, quand il y en aura une, suivra la même direction, en sorte que la moitié de l'armée se trouvera ainsi agglomérée sur la route du centre. C'est dans ces circonstances surtout qu'il faut savoir bien prendre ses mesures pour éviter l'encombrement. Il arrive toutefois aussi, que les grands coups devant se porter sur une aile, les réserves et le quartier général, même parfois l'avant-garde générale, se transportent du même côté; en ce cas, tout ce qui est indiqué pour les mouvements du centre sera également praticable et recommandé pour cette aile.

Il est essentiel que les avant-gardes soient accompagnées par de bons officiers d'état-major, capables de bien juger les mouvements de l'ennemi, et d'en rendre compte au général en chef afin d'éclairer ses résolutions, ce que le commandant de l'avant-garde fera aussi de son côté. Il va sans dire qu'une avant-garde générale doit être composée de troupes légères de toutes armes, de quelques troupes d'élite comme corps de bataille, de quelques dragons dressés pour combattre à pied; d'artillerie à cheval, de pontonniers, sapeurs, etc., avec de légers chevalets et pontons pour passer de petites rivières; quelques carabiniers bons tireurs n'y seront pas déplacés; un officier topographe devra également la suivre pour prendre un croquis à vue du pays, à une demi-lieue ou plus de chaque côté de la route. Enfin il est indispensable d'y ajouter de la cavalerie irrégulière comme éclaireurs, autant pour épargner la bonne cavalerie, que parce que les troupes irrégulières sont les plus aptes à ce service.

5° A mesure que l'armée avance ou s'éloigne de sa base, les lois d'une bonne logistique indiquent la nécessité d'organiser la ligne d'opérations et d'étapes qui doit servir de lien entre l'armée et cette base. L'état-major divisera ces étapes en arrondissements, dont le chef-lieu sera dans la ville la plus importante pour ses ressources en logements et en approvisionnements de toute espèce; s'il y a une place de guerre, le chef-lieu y sera établi de préférence.

Les étapes placées à la distance de 5 jusqu'à 10 lieues, selon les villes existantes, mais à une moyenne de 7 à 8 lieues, seraient ainsi au nombre de quinze sur une ligne de CENT lieues, et formeraient 3 ou 4 brigades d'étapes. Chacune d'elles aurait un commandant avec un détachement de troupes ou de soldats convalescents, pour régulariser les logements et servir à la fois de protection aux autorités du pays (quand elles restent); elles fourniront les sauvegardes aux relais de poste et les escortes nécessaires; le commandant veillera au bon état des routes et des ponts.

Autant qu'on le pourra, il devra être fait de petits magasins et un parc de quelques voitures, dans chacune des étapes, ou du moins dans les chefs-lieux des brigades.

Le commandement des divisions territoriales sera confié à des officiers généraux prévoyants et capables; car de leurs opérations dépend souvent la sécurité des communications de l'armée (*). Ces divisions pourront même, selon les circonstances, être transformées en réserves stratégiques, ainsi

---

(*) On objectera que dans les guerres nationales ces étapes sont impraticables; je dirai, au contraire, que là elles seront souvent aventurées; mais que c'est là précisément qu'elles doivent être établies sur une plus grande échelle et qu'elles sont le plus nécessaires. La ligne de Bayonne à Madrid eut une ligne d'étapes pareille qui résista quatre ans à toutes les attaques des guérillas; bien que quelques convois aient été enlevés : elle fut même étendue un moment jusqu'à Cadix.

que nous avons dit à l'art. 23; quelques bons bataillons, aidés des détachements allant sans cesse de l'armée à sa base et de la base à l'armée, suffiront presque toujours au maintien des communications.

6° Quant aux mesures moitié logistiques moitié tactiques, par le moyen desquelles l'état-major doit amener les troupes de l'ordre de marche aux divers ordres de bataille, c'est une étude aussi importante qu'elle est minutieuse. Les trois ouvrages que nous avons cités ont assez approfondi cette matière, pour nous dispenser de les suivre sur un terrain aussi ardu; on ne saurait traiter ces questions qu'en abordant ces détails qui font le mérite de ces ouvrages et qui sont tout-à-fait en dehors des bornes de celui-ci. D'ailleurs que nous resterait-il à dire après les deux volumes que M. de Ternay et le colonel Koch, son commentateur, ont consacrés à démontrer toutes les combinaisons logistiques des mouvements de troupes ou des différents procédés de formation? Et si beaucoup de ces procédés sont bien difficiles à mettre en pratique à la face de l'ennemi, on reconnaîtra du moins leur utilité pour les mouvements préparatoires exécutés hors de portée; grâces à cet excellent manuel, au traité de Guibert et au premier ouvrage de l'archiduc (Grundsatze der hoheren Kriegskunst), on peut s'instruire facilement de toutes ces opérations de logistique qu'il ne nous était pas permis de passer sous silence, mais qu'il suffit à notre plan de signaler.

Avant de quitter cet intéressant sujet, je crois devoir rapporter quelques événements remarquables pour faire apprécier toute l'importance d'une bonne logistique : l'un est le rassemblement miraculeux de l'armée française dans les plaines de Géra en 1806; le second est l'entrée en campagne de 1815.

Dans l'un et l'autre de ces événements, Napoléon sut faire affluer, avec une précision admirable, sur le point décisif de la zone d'opérations, ses colonnes qui étaient parties des points les plus divergents, et assura ainsi le succès de la campagne. Le choix de ce point décisif était une habile combinaison stratégique, le calcul des mouvements fut une opération logistique émanée de son cabinet. Long-temps on a prétendu que Berthier était l'artisan de ces instructions conçues avec tant de précision, et transmises ordinairement avec tant de lucidité : j'ai eu cent occasions de m'assurer de la fausseté de cette assertion. L'Empereur était lui-même le vrai chef de son état-major : muni d'un compas ouvert à une échelle de sept à huit lieues en ligne directe (ce qui suppose toujours neuf à dix lieues au moins par les sinuosités des routes), appuyé et quelquefois couché sur sa carte, où les positions de ses corps d'armée et celles présumées de l'ennemi étaient marquées par des épingles de différentes couleurs, il ordonnait ses mouvements avec une assurance dont on aurait peine à se faire une juste idée. Promenant son compas avec vivacité sur cette carte, il jugeait en un clin d'œil le nombre de marches nécessaires à chacun de ses corps pour arriver au point où il voulait l'avoir à jour nommé; puis plaçant ses épingles dans ces nouveaux sites, et combinant la vitesse de la marche qu'il faudrait assigner à chacune des colonnes, avec l'époque possible de leur départ, il dictait ces instructions qui à elles seules seraient un titre de gloire.

C'est ainsi que Ney venant des bords du lac de Constance, Lannes de la Haute-Souabe, Soult et Davoust de la Bavière et du Palatinat, Bernadotte et Augereau de la Franconie, et la garde impériale arrivant de Paris, se trouvèrent en ligne sur trois routes parallèles débouchant à la même hauteur entre Saalfeld, Géra et Plauen, quand personne dans l'armée, ni en Allemagne, ne concevait rien à ces mouvements en apparence si compliqués (*).

De même en 1815, quand Blucher cantonnait paisiblement entre la Sambre et le Rhin, et que lord Wellington donnait ou recevait des fêtes à Bruxelles, attendant l'un et l'autre le signal d'envahir la France; Napoléon, que l'on croyait à Paris tout occupé de cérémonies politiques d'apparat, accompagné de sa garde qui venait à peine de se reformer dans la capitale, fondait comme l'éclair sur Charleroi et sur les quartiers de Blucher, avec des colonnes convergeant de tous les points de l'horizon pour arriver, avec une rare ponctualité, le 14 juin dans les plaines de Beaumont sur les bords de la Sambre. (Napoléon n'était parti que le 12 de Paris.)

La combinaison de ces deux opérations reposait sur un habile calcul stratégique, mais leur exécution fut incontestablement un chef-d'œuvre de logistique. Pour faire juger le mérite de pareilles mesures, je rapporterai, en opposition avec elles, deux circonstances où des fautes de logistique faillirent devenir fatales. Napoléon rappelé d'Es-

---

(*) J'en excepte toutefois le petit nombre d'officiers capables de les pénétrer par analogie avec les précédents.

pagne en 1809 par les armements de l'Autriche, et certain d'avoir la guerre avec cette puissance, dépêcha Berthier en Bavière avec la mission délicate de rassembler l'armée, toute disséminée depuis Braunau jusqu'à Strasbourg et Erfurt. Davoust revenait de cette ville, Oudinot de Francfort ; Masséna en route pour l'Espagne rétrogradait par Strasbourg sur Ulm ; les Saxons, les Bavarois et les Wurtembergeois quittaient leurs pays respectifs. Des distances immenses séparaient ainsi ces corps, et les Autrichiens, réunis depuis long-temps, pouvaient aisément percer cette toile d'araignée et en détruire ou disperser les *lambeaux*. Napoléon, justement inquiet, ordonna à Berthier de rassembler l'armée à Ratisbonne si la guerre n'était pas commencée à son arrivée ; mais dans le cas contraire, de la réunir plus en arrière vers Ulm.

La cause de cette double alternative n'était pas difficile à pénétrer : si la guerre était commencée, Ratisbonne se trouvait trop près de la frontière d'Autriche pour l'assigner comme rassemblement, car les corps pourraient venir se jeter isolément au milieu de 200 mille ennemis : en fixant la réunion à Ulm, l'armée serait concentrée plus tôt, ou du moins l'ennemi aurait cinq à six marches de plus à faire pour l'atteindre, ce qui était un point capital dans la situation respective des deux partis.

Il ne fallait pas être un génie pour comprendre la chose; cependant les hostilités n'ayant commencé que quelques jours après l'arrivée de Berthier à Munich, ce trop célèbre major général eut la bonhomie de s'attacher littéralement à l'ordre reçu, sans en expliquer l'intention manifeste; non seulement il persista à vouloir réunir l'armée à Ratisbonne, mais il fit même retourner sur cette ville Davoust, qui avait eu le bon esprit de se rabattre d'Amberg sur la direction d'Ingolstadt.

Heureusement, Napoléon averti en 24 heures du passage de l'Inn, par le télégraphe, arriva comme l'éclair à Abensberg, au moment où Davoust allait se trouver investi et l'armée scindée ou morcelée par une masse de 180 mille ennemis. On sait par quel prodige il la rallia et triompha dans les cinq journées glorieuses d'Abensberg, de Siegenbourg, de Landshut, d'Eckmuhl et de Ratisbonne, qui réparèrent les fautes de la pitoyable logistique de son chef d'état-major.

Nous terminerons ces citations par les événements qui précédèrent et accompagnèrent le passage du Danube avant Wagram; les mesures pour faire arriver à point nommé dans l'île de Lobau, le corps du vice-roi d'Italie venant de la Hongrie, celui de Marmont venant de la Styrie, et celui de Bernadotte venant de Linz, sont moins étonnantes encore que le fameux arrêté ou décret impérial en 31 articles, qui réglait les détails du passage et de la formation dans les plaines d'Enzersdorf, en présence de 140 mille Autrichiens et de 500 pièces de canon, comme s'il se fût agi d'une fête militaire. Toutes ces masses se trouvant réunies dans l'île le 4 juillet au soir, trois ponts sont jetés en un clin d'œil sur un bras du Danube de 70 toises, par la nuit la plus obscure et au milieu de torrents de pluie; 150 mille hommes y défilent en présence d'un ennemi redoutable, et sont formés avant midi dans la plaine, à une lieue en avant des ponts qu'ils couvrent par un changement de front; le tout en moins de temps qu'il n'en eût fallu pour le faire dans une manœuvre d'instruction répétée à plusieurs reprises. A la vérité, l'ennemi avait résolu de ne disputer le passage que faiblement, mais on l'ignorait, et le mérite des dispositions prises n'en est pas moins manifeste.

Cependant, par une bizarrerie des plus extraordinaires, le major-général ne s'était point aperçu, en expédiant dix ampliations du fameux décret, que par méprise le pont du centre avait été assigné à Davoust, bien qu'il dût former l'aile droite; tandis que le pont de droite avait été assigné à Oudinot, qui devait former le centre. Ces deux corps se croisèrent ainsi durant la nuit, et sans l'intelligence des régiments et de leurs chefs, le plus horrible désordre aurait pu s'introduire. Grâce à l'inaction de l'ennemi, on en fut quitte pour quelques détachements qui suivirent le corps auquel ils n'appartenaient pas : ce qu'il y eut de plus étonnant, c'est qu'après une pareille équipée, Berthier put être décoré du titre de prince de Wagram; c'était la plus sanglante des épigrammes.

Sans doute l'erreur était échappée à Napoléon dans la dictée de son décret : mais un chef d'état-major expédiant vingt copies de cet ordre, et chargé d'office de veiller à la formation des troupes, ne devait-il pas s'apercevoir d'une telle méprise?

Un autre exemple non moins extraordinaire de l'importance des mesures de bonne logistique, fut donné à la bataille de Leipzig. En recevant cette bataille, adossé à un défilé comme celui de Leipzig, et à des prairies boisées coupées de petites rivières et de jardins, il eût été important de jeter grand nombre de petits ponts, d'ouvrir des abords pour y arriver, et de jalonner ces chemins; cela n'eût pas empêché la perte d'une bataille décisive, mais on eût sauvé bon nombre d'hommes, de canons et de caissons, qui furent abandonnés faute d'ordre et d'issues pour se retirer. L'explosion inconcevable du pont de Lindenau fut également le résultat d'une insouciance impardonnable de l'état-major, qui du reste n'existait plus que de nom dans l'armée, grâces à la manière dont Berthier le composait et le traitait. D'ailleurs il faut en convenir, Napoléon qui entendait parfaitement la logistique pour organiser une irruption, n'avait jamais songé à une mesure de précaution pour le cas d'une défaite, et quand il était présent chacun se reposait sur l'Empereur comme s'il eût dû lui-même tout ordonner et tout prévoir.

En voilà assez pour faire apprécier toute l'influence qu'une bonne logistique peut avoir sur les opérations militaires.

Pour compléter ce que je m'étais proposé de dire en rédigeant cet article, j'aurais à parler aussi des reconnaissances. Elles sont de deux espèces : les premières sont purement topographiques et statistiques; elles ont pour but d'acquérir des notions sur le pays, ses accidents de terrain, ses routes, défilés, ponts, etc.; de connaître ses ressources et ses moyens de toute espèce. Aujourd'hui la géographie, la topographie et la statistique ont fait tant de progrès, que ces reconnaissances sont moins nécessaires qu'autrefois; cependant elles seront toujours d'une grande utilité tant que l'Europe ne sera pas cadastrée; or il est probable qu'elle ne le sera jamais. Il existe beaucoup de bonnes instructions sur ces sortes de reconnaissances auxquelles je dois renvoyer mes lecteurs.

Les autres sont celles que l'on ordonne pour s'assurer des mouvements de l'ennemi. Elles se font par des détachements plus ou moins forts; si l'ennemi est formé en présence, ce sont les généraux ou chefs d'état-major qui doivent aller en personne le reconnaître; s'il est en marche, on peut pousser des divisions entières de cavalerie, pour percer le rideau de postes dont il est entouré.

Ces opérations sont assez bien enseignées par une foule d'ouvrages élémentaires, notamment celui du colonel Lallemand, et le règlement du service de campagne : d'ailleurs nous croyons devoir réserver pour l'article suivant tout ce que nous avons à dire sur les divers moyens de pénétrer ce que fait l'ennemi.

ARTICLE XLII.

Des reconnaissances et autres moyens de bien connaître les mouvements de l'ennemi.

Un des moyens les plus importants pour bien combiner d'habiles manœuvres de guerre, serait sans contredit de ne jamais les ordonner que sur une connaissance exacte de ce que ferait l'ennemi. En effet, comment savoir ce que l'on doit faire soi-même, si l'on ignore ce que fait l'adversaire. Mais autant cette connaissance serait décisive, autant il est difficile, pour ne pas dire impossible, de l'acquérir; et c'est précisément là une des causes qui rendent la théorie de la guerre si différente de la pratique.

C'est de là que viennent tous les mécomptes des généraux, qui ne sont que des hommes instruits sans avoir le génie naturel de la guerre, ou sans y suppléer par le coup d'œil exercé que peut donner une longue expérience et une grande habitude de diriger des opérations militaires. Il est toujours aisé, en sortant des bancs d'une académie, de faire un projet pour déborder une aile, pour menacer les communications de l'armée, lorsqu'on agit pour les deux partis en même temps et qu'on les dispose à son gré, soit sur une carte géographique, soit sur un plan de terrain simulé; mais quand on a affaire à un adversaire habile, actif, entreprenant, et dont tous les mouvements sont une énigme, alors l'embarras commence, et c'est ici que se montre toute la médiocrité d'un général ordinaire, dénué de toute étude des principes.

J'ai acquis tant de preuves de cette vérité dans ma longue carrière, que si j'avais à éprouver un général, j'estimerais bien plus celui qui ferait des suppositions justes sur les mouvements de l'ennemi, que celui qui étalerait des théories si difficiles à bien faire, mais si faciles à apprendre quand on les trouve toutes faites.

Il y a quatre moyens pour parvenir à juger les opérations d'une armée ennemie: le premier est celui d'un espionnage bien organisé et largement payé (*); le second est celui des reconnaissances faites par d'habiles officiers et des corps légers; le troisième consiste dans les renseignements qu'on pourrait obtenir des prisonniers de guerre; le qua-

(*) Recommander l'espionnage paraîtra une œuvre impie aux songes-creux philanthropes, mais je les prie de ne pas oublier qu'il s'agit d'épier les mouvements d'une armée et non de délation.

trième est celui d'établir soi-même les hypothèses qui peuvent être les plus vraisemblables d'après deux bases différentes : j'expliquerai cette idée plus bas. Enfin il est un cinquième moyen, celui des signaux ; quoiqu'il s'applique plutôt à indiquer la présence de l'ennemi qu'à juger de ses projets, il peut être rangé dans la catégorie dont nous nous occupons.

Pour tout ce qui se passe dans l'intérieur de l'armée ennemie, l'espionnage semble le plus sûr, car une reconnaissance, quelque bien faite qu'elle soit, ne peut donner aucune idée de ce qui se passe au-delà de l'avant-garde. Cela ne veut pas dire qu'il n'en faille pas faire, car il faut tenter tous les moyens de se bien instruire ; mais cela veut dire qu'il ne faut pas compter sur leur résultat. Il en est de même des rapports des prisonniers de guerre, ils sont souvent utiles, et le plus souvent il serait fort dangereux d'y ajouter foi. En tout cas, un état-major habile ne manquera pas de choisir quelques officiers instruits qui, chargés de ce service spécial, sauront diriger leurs questions de manière à démêler parmi les réponses ce qu'il peut être important de savoir.

Les partisans qu'on lance en coureurs au milieu

des lignes d'opérations de l'ennemi, pourraient sans doute apprendre quelque chose de ses mouvements, mais il est presque impossible de communiquer avec eux et d'en recevoir des avis. L'espionnage, s'il est conçu sur une base bien large, réussira plus généralement : toutefois il est difficile qu'un espion pénètre jusqu'au cabinet du général ennemi et puisse en arracher le secret de ses entreprises; il se bornera donc le plus souvent à indiquer les mouvements dont il est le témoin, ou ceux qu'il apprendra par des bruits publics; et lorsqu'on recevra l'avis de ces mouvements, on ne saura encore rien de ceux qui surviendraient dans l'intervalle, ni du but ultérieur que l'ennemi se propose : on saura bien, par exemple, que tel corps a passé par Jéna, se dirigeant sur Weimar; tel autre a passé par Géra, se dirigeant vers Naumbourg, mais où iront-ils? que veulent-ils entreprendre? C'est ce qui sera bien difficile à apprendre de l'espion même le plus habile.

Lorsque les armées campaient sous la tente, presque entièrement réunies, alors les nouvelles de l'ennemi étaient plus certaines, car on pouvait pousser des partis jusqu'en vue de leur camp, et les espions pouvaient rendre compte de tous les mouvements de ces camps. Mais avec l'organisation actuelle en corps d'armée qui cantonnent ou bivouaquent, la chose est devenue plus compliquée, plus embarrassante, et en résultat presque nulle.

L'espionnage peut rendre néanmoins de bons services lorsque l'armée de l'adversaire est conduite par un grand capitaine ou un grand souverain, marchant toujours avec la majeure partie de ses forces et réserves. Tels étaient, par exemple, l'empereur Alexandre et Napoléon : lorsqu'on pouvait savoir où ils avaient passé et quelle direction ils prenaient, on pouvait, sans s'arrêter au détail des autres mouvements, juger à peu près le projet qu'ils avaient en vue.

Un général habile peut suppléer à l'insuffisance de tous ces moyens par des hypothèses bien posées et bien résolues d'avance, et, je puis le dire avec une certaine satisfaction, ce moyen ne m'a presque jamais manqué, et je me suis rarement trompé en y ayant recours. Si la fortune ne m'a jamais mis à la tête d'une armée, j'ai été du moins chef d'état-major de près de cent mille hommes, et appelé bien des fois au conseil des plus grands souverains de nos jours, dans lequel il s'agissait de diriger les masses de toute l'Europe armée, et je ne me suis trompé que deux ou trois fois dans les hypothèses que je posais, et dans la manière de résoudre les questions qui en résultaient. Je me suis même convaincu que toute question bien posée est presque toujours facile à résoudre, quand on a le jugement sain. Or, comme je l'ai déjà dit, j'ai constamment reconnu qu'une armée ne pouvant opérer que sur le centre ou sur une des extrémités de son front d'opérations, il n'y avait guère plus de trois à quatre chances possibles à supposer. Dès lors un esprit bien pénétré de ces vérités, et imbu de bons principes de guerre, saura toujours adopter un parti qui pourvoie d'avance aux chances les plus probables. Je me permettrai d'en citer quelques exemples pris dans ma propre expérience.

Lorsqu'en 1806 on était encore indécis en France sur la guerre de Prusse, je fis un mémoire sur les probabilités de la guerre et les opérations qui auraient lieu dans ce cas.

J'établis les trois hypothèses suivantes : 1° Les Prussiens attendront Napoléon derrière l'Elbe, et feront la guerre défensive jusqu'à l'Oder pour attendre le concours de la Russie et de l'Autriche ; 2° Dans le cas contraire, ils s'avanceront sur la Saale, appuyant leur gauche à la frontière de Bohême et défendant les débouchés des montagnes de Franconie; 3° Ou bien, attendant les Français par la grande chaussée de Mayence, ils s'avanceront imprudemment jusqu'à Erfurt.

Je ne crois pas qu'il y eût d'autres chances possibles à supposer, à moins qu'on ne crût les Prussiens assez mal avisés pour partager leurs forces, déjà inférieures, sur les deux directions de Wesel et de Mayence; faute inutile, puisque sur la première de ces routes, il n'avait pas paru un seul soldat français depuis la guerre de sept ans.

Hébien! ces trois hypothèses ainsi posées, si l'on se demandait le parti qu'il convenait le mieux à Napoléon de prendre, n'était-il pas facile de conclure « que le gros de l'armée française étant déjà « rassemblé en Bavière, il fallait le jeter sur la « gauche des Prussiens par Géra et Hof, car « quelque résolution que ceux-ci adoptassent, « c'était là qu'était le nœud gordien de toute la « campagne. »

S'avançaient-ils sur Erfurt? en tombant sur Géra on les coupait de leur ligne de retraite, et on les rejetait sur le Bas-Elbe, à la mer du Nord. S'appuyaient-ils à la Saale? en attaquant leur gauche par Hof et Géra on les accablait partiellement, et on pouvait encore les prévenir par Leipzig à Berlin. S'ils restaient enfin derrière l'Elbe, c'était toujours sur la direction de Géra et de Hof qu'il fallait les aller chercher.

Qu'importait dès lors de savoir le détail de leurs mouvements, puisque l'intérêt était toujours le même? Aussi, bien convaincu de ces vérités, n'hésitai-je pas à annoncer, *un mois avant la guerre*, que ce serait là ce que Napoléon entreprendrait, et que si les Prussiens passaient la Saale, ce serait à Jéna et à Naumbourg qu'on se battrait!!

Quelles suppositions faisaient le duc de Brunswick et ses conseillers, au même instant où je voyais si juste? Pour y croire, il faut les lire dans les ouvrages de MM. C. de W. et Ruhle de Lilienstern (Operationsplan...... et Bericht eines Augenzeugen).

Si je rappelle cette circonstance, déjà plus d'une fois citée, ce n'est point un sentiment de vanité qui m'y porte, car j'aurais d'autres citations de cette nature à faire; mais j'ai seulement voulu démontrer qu'on peut souvent agir à la guerre d'après des problèmes bien posés, sans trop s'arrêter aux détails des mouvements de son adversaire. Si M. le général de Clausewitz avait été aussi souvent que moi dans le cas de poser ces problèmes et de les voir résoudre, il n'eût pas tant douté de l'efficacité des théories de guerre fondées sur les principes, car ce sont des théories qui seules pourront servir de guide pour de pareilles solutions. Ses trois volumes sur la guerre prouvent évidemment que dans une situation pareille à celle où se trouvait le duc de Brunswick en 1806, il eût été tout aussi embarrassé que lui sur le parti qu'il fallait prendre. L'irrésolution doit être l'apanage des esprits qui doutent de tout.

Revenant à notre sujet, je dois avouer que l'espionnage a été singulièrement négligé dans bien des armées modernes, et en 1813 entre autres, l'état-major du prince de Schwartzenberg n'ayant pas un sou à sa disposition pour ce service, l'empereur Alexandre dut fournir des fonds de sa cassette pour donner, à cet état-major, le moyen d'envoyer des agents en Lusace apprendre où se trouvait Napoléon. Le général Mack à Ulm et le duc de Brunswick en 1806, n'étaient pas mieux instruits; et les généraux français payèrent souvent cher, en Espagne, l'impossibilité d'avoir des espions et des renseignements sur ce qui se passait autour d'eux.

Pour les renseignements qu'on peut obtenir des corps volants, l'armée russe est mieux partagée que toute autre, grâce à ses cosaques et à l'intelligence de ses partisans : l'histoire en fournit assez de preuves.

L'expédition du prince Koudacheff, envoyé après la bataille de Dresde au prince de Suède, et qui, après avoir traversé l'Elbe à la nage, marcha au milieu des colonnes françaises jusque vers Wittemberg, est un monument historique de ces sortes de courses. Les renseignements fournis par les partisans des généraux Czernitcheff, Benkendorf, Davidoff et Seslawin, ont rendu d'éminents services de la même nature. On se rappelle que ce fut une dépêche de Napoléon à l'impératrice Marie-Louise, interceptée près de Châlons par les cosaques, qui apprit aux alliés le projet formé par l'empereur des Français pour se jeter sur leurs communications avec toutes ses forces réunies, en se basant sur la ceinture des places fortes de la Lorraine et de l'Alsace. Ce précieux renseignement décida la réunion des armées de Blucher et de Schwartzenberg, que toutes les belles remontrances stratégiques n'étaient jamais parvenues à faire agir de concert, si ce n'est à Leipzig et à Brienne.

On sait aussi que ce fut un avis donné par Seslawin au général Doctoroff, qui empêcha celui-ci d'être écrasé à Borowsk par Napoléon qui venait de partir de Moscou avec toute son armée pour commencer sa retraite. On n'y voulait d'adord pas croire, et il fallut que Seslawin piqué, allât enlever un officier et quelques soldats de la garde, au milieu des bivouacs français, pour confirmer son rapport. Cet avis, qui décida la marche de Koutousoff sur Malo-Jaroslawetz, empêcha Napoléon de prendre la route de Kalouga, où il eût trouvé plus de ressources, où il eût évité les désastres de Krasnoï et de la Bérésina, ce qui, du reste, eût diminué la catastrophe sans l'empêcher entièrement.

De tels exemples, quelques rares qu'ils soient, suffisent pour donner une idée de ce qu'on peut attendre de bons partisans conduits par des officiers capables.

Pour arriver à une conclusion, je résumerai cet article aux vérités suivantes :

1° C'est qu'un général ne doit rien négliger pour être instruit des mouvements de l'ennemi et employer à cet effet des reconnaissances, des espions, des corps légers conduits par des officiers capables, des signaux, enfin des officiers instruits chargés de diriger aux avant-gardes les interrogatoires des prisonniers.

2° Qu'en multipliant des renseignements, quelque imparfaits et contradictoires qu'ils soient, on parvient souvent à démêler la vérité du sein même de leurs contradictions.

3° Qu'il faut néanmoins se défier de ces moyens et ne pas trop y compter pour la combinaison de ses opérations.

4° Qu'à défaut de renseignements sûrs et exacts, un général capable ne doit jamais se mettre en marche sans avoir deux ou trois partis pris sur les hypothèses vraisemblables qu'offrirait la situation respective des armées, et que ces partis pris soient fondés sur les principes.

Je pourrais garantir que dans ce cas, rien de bien imprévu ne pourra venir le surprendre et lui faire perdre la tête comme cela arrive si souvent : car à moins d'être tout-à-fait incapable de commander une armée, on doit être en état de faire les suppositions les plus probables sur ce que l'ennemi entreprendra, et adopter d'avance un parti sur l'une ou l'autre de ces suppositions qui viendrait à se réaliser (*). Je ne pourrais trop le répéter, c'est dans de pareilles suppositions, bien posées

---

(*) On ne m'accusera pas, je pense, de vouloir qu'il n'arrive jamais d'événement à la guerre qui sorte de toutes les prévisions possibles; il suffirait des surprises de Crémone, de Berg-op-zoom, de Hochkirch, pour prouver le contraire. Je crois seulement que ces événements se rapprocheront toujours plus ou moins de l'une des hypothèses adoptées ou prévues, en sorte qu'on pourrait y remédier par les mêmes moyens.

et bien résolues, qu'est le véritable cachet du génie militaire; et, quoique le nombre en soit toujours fort restreint, il est inconcevable à quel point ce puissant moyen est négligé.

Pour compléter cet article, il nous reste à dire aussi ce que l'on peut obtenir à l'aide des signaux.

Il y en a de plusieurs sortes, et à la tête de toutes on doit naturellement placer les télégraphes. Ce fut à l'idée qu'il eut, d'établir une ligne télégraphique entre son quartier-général et la France, que Napoléon fut redevable de ses étonnants succès de Ratisbonne en 1809. Il se trouvait encore à Paris quand l'armée autrichienne franchit l'Inn vers Braunau, pour envahir la Bavière et percer ses cantonnements. Instruit en 24 heures de ce qui se passait à 250 lieues de lui, il se jette aussitôt en voiture, et huit jours après il était vainqueur dans deux batailles sous les murs de Ratisbonne : sans le télégraphe, la campagne était perdue : ce trait suffit pour en apprécier l'importance.

On a imaginé aussi de se servir de télégraphes portatifs, et à ma connaissance, la première idée en appartient à un marchand russe qui l'avait apportée de la Chine. Ces télégraphes, manœuvrés par des hommes à cheval postés sur des hauteurs, semblaient pouvoir porter en quelques minutes les ordres du centre aux extrémités d'une ligne de bataille, ainsi que les rapports des ailes au quartier-général. Des essais répétés eurent lieu, mais le projet fut abandonné sans que j'aie pu en savoir les raisons. Ces communications ne pouvaient être à la vérité que fort brèves, et les temps nébuleux pouvaient les rendre quelquefois incertaines : cependant comme le vocabulaire de pareils rapports pourrait se réduire à une vingtaine de phrases, pour lesquelles il serait facile d'avoir des signes de convention, je crois que le moyen ne serait pas à dédaigner, lors même qu'on devrait envoyer le duplicata des transmissions, par des officiers capables de bien rendre des ordres verbaux. On y gagnerait toujours la rapidité.

Un essai d'une autre nature fut tenté en 1794 à la bataille de Fleurus, où le général Jourdan se servit d'un aérostat pour reconnaître et signaler les mouvements des Autrichiens. Je ne sais s'il eut lieu de s'applaudir de cet essai, qui ne fut plus renouvelé, bien qu'on ait prétendu dans le temps qu'il avait concouru à la victoire, ce dont je doute fort. Il est probable que la difficulté d'avoir un aérostat tout prêt à faire son ascension au moment où cela serait opportun, celle de bien observer ce qui se passe ici-bas quand on est ainsi aventuré dans les airs, et l'instabilité des vents, ont pu faire renoncer à ce moyen. En maintenant le ballon à une élévation peu considérable, en y plaçant un officier capable de bien juger les mouvements de l'ennemi, et en perfectionnant le petit nombre de signaux qu'il faudrait en attendre, il est des circonstances où l'on en tirerait peut-être quelque fruit. Toutefois la fumée du canon, la difficulté de distinguer à quel parti appartiennent les colonnes qu'on voit se mouvoir comme des troupes de Liliputiens, rendront toujours ces rapports fort incertains : un aéronaute eût été, par exemple, assez embarrassé de décider, à la bataille de Waterloo, si c'était Grouchy ou Blucher qui arrivait par Saint-Lambert : mais dans les cas où les armées sont moins mêlées et plus distinctes, il semble que l'on pourrait utiliser quelquefois ce moyen. Ce qu'il y a de sûr, c'est que je me suis convaincu sur le clocher de Gautsch, à la bataille de Leipzig, du fruit que l'on peut tirer d'une pareille observation ; et l'aide-de-camp du prince de Schwartzenberg que j'y conduisis, ne saurait nier que ce furent bien mes sollicitations qui décidèrent le prince à sortir du gouffre entre la Pleisse et l'Elster. Sans doute on est plus à son aise sur un clocher que dans une frêle nacelle aérienne, mais on ne trouve pas partout des clochers situés de manière à pouvoir planer sur tout le champ de bataille, et on ne les transporte pas à volonté. Ce serait du reste à MM. Green ou Garnerin à nous dire comment on voit les objets à 5 ou 600 pieds d'élévation perpendiculaire.

Il est une espèce de signaux plus solides, ce sont ceux qu'on donne par de grands feux allumés sur les points élevés d'une contrée : avant l'invention du télégraphe, ils avaient le mérite de pouvoir porter rapidement la nouvelle d'une invasion, d'un bout du pays à l'autre. Les Suisses s'en servaient pour appeler les milices aux armes. On en fait aussi quelquefois usage pour donner l'alarme aux cantonnements d'hiver, afin de les rassembler plus promptement : ils peuvent d'autant mieux servir à cet effet, qu'il suffit de deux ou trois variantes dans le signal pour indiquer aux corps d'armée de quel côté l'ennemi menace les quartiers plus sérieusement, et sur quel point ils doivent effectuer leur rassemblement. Par la même raison, ces signaux peuvent convenir sur les côtes, contre les descentes.

Enfin il est une dernière espèce de signaux, ceux que l'on donne aux troupes pendant l'action à l'aide des instruments militaires; comme ils ne touchent pas directement au sujet que nous traitons, je me bornerai à observer qu'on les a perfectionnés dans l'armée russe plus que partout ailleurs. Mais, tout en reconnaissant de quelle importance il serait de trouver un moyen sûr d'imprimer un mouvement spontané et simultané à une masse de troupes d'après la volonté subite de son chef, il faut avouer que ce sera encore long-temps un problème difficile à résoudre : et à part le cas d'un hourra général, imprimé à toute une ligne par le pas de charge répété de proche en proche, il sera toujours difficile d'appliquer les signaux par instruments, à d'autre usage qu'aux tirailleurs: même ces hourras généraux et spontanés sont-ils plutôt l'effet d'un élan des troupes que le résultat d'un ordre: je n'en ai vu que deux exemples dans treize campagnes.

CHAPITRE VII.

DE LA FORMATION DES TROUPES

POUR ALLER AU COMBAT (*)

ET DE L'EMPLOI PARTICULIER OU COMBINÉ DES TROIS ARMES.

Deux articles essentiels de la tactique des batailles nous restent à examiner : l'un est la manière de disposer les troupes pour les conduire au combat, l'autre est l'emploi des différentes armes. Bien que ces objets appartiennent à la logistique et à la tactique secondaire, il faut avouer cependant qu'ils forment une des principales combinaisons d'un général en chef lorsqu'il s'agit de livrer

(*) Tout ce qui concerne les formations appartient plutôt à la logistique qu'à la tactique; mais j'ai cru que ce chapitre rédigé ainsi depuis sept ans pouvait bien rester tel qu'il était, car la formation dépend de l'emploi, et l'emploi dépend aussi un peu de la formation la plus familière à une armée.

bataille; dès lors ils entrent nécessairement dans le plan que nous nous sommes proposé.

Ici les doctrines deviennent moins fixes, et l'on retombe forcément dans le champ des systèmes : aussi n'est-ce pas sans étonnement que nous avons vu tout récemment un des écrivains modernes les plus célèbres, prétendre que la tactique est fixée, mais que la stratégie ne l'est pas, tandis que c'est précisément le contraire.

La stratégie se compose de lignes géographiques invariables, dont l'importance relative se calcule d'après la situation des forces ennemies, situation qui ne peut jamais amener qu'un petit nombre de variations, puisque les forces ennemies se trouveront divisées ou rassemblées, soit sur le centre, soit sur une des deux extrémités. Rien de plus possible que de soumettre des éléments si simples à des règles dérivant du principe fondamental de la guerre, et tous les efforts d'écrivains méticuleux pour embrouiller la science en voulant la rendre trop abstraite et trop exacte ne sauraient faire naître un doute à ce sujet. Il en est de même des combinaisons des ordres de batailles, qui peuvent être soumises à des maximes également rapportées au principe général. Mais les moyens d'exécution, c'est-à-dire la tactique proprement dite, dépendent de tant de circonstances, qu'il est impossible de donner des règles de conduite pour les cas innombrables qui peuvent se présenter. Pour s'en assurer, il suffit de lire les ouvrages qui se succèdent tous les jours sur ces parties de l'art militaire sans qu'aucun puisse s'accorder; et si l'on met en présence deux généraux distingués de cavalerie ou d'infanterie, il est bien rare qu'ils parviennent à s'entendre parfaitement sur la méthode la plus convenable pour exécuter une attaque. Ajoutons à cela l'énorme différence qui existe dans les talents des chefs, dans leur énergie, dans le moral des troupes, et nous serons convaincus que la tactique d'exécution sera éternellement réduite à des systèmes contradictoires, et que ce sera beaucoup si l'on parvient à poser quelques maximes régulatrices, qui empêchent les fausses doctrines de s'introduire dans les systèmes qu'on adoptera.

ARTICLE XLIII.

****

Du placement des troupes dans la ligne de bataille.

Après avoir défini, à l'article 30, ce que l'on doit entendre par la ligne de bataille, il convient de dire de quelle manière elles se forment, et comment les différentes troupes doivent y être réparties.

Avant la révolution française, toute l'infanterie, formée par régiments et brigades, se trouvait réunie en un seul corps de bataille, subdivisé en première et seconde lignes qui avaient chacune leur aile droite et leur aile gauche. La cavalerie se plaçait ordinairement sur les deux ailes, et l'artillerie, encore très lourde à cette époque, était répartie sur le front de chaque ligne (on traînait du canon de 16, et il n'y avait pas d'artillerie à cheval). Alors l'armée campant toujours réunie, se mettait en marche par lignes ou par ailes, et comme il y avait deux ailes de cavalerie et deux d'infanterie, si l'on marchait par ailes, on formait ainsi quatre colonnes. Quand on marchait par lignes, ce qui convenait surtout dans les marches de flanc, alors on ne formait que deux colonnes, à moins que, par des circonstances locales, la cavalerie ou une partie de l'infanterie eussent campé en troisième ligne, ce qui était rare.

Cette méthode simplifiait la logistique, puisque toute la disposition consistait à dire : « On marchera dans telle direction, par lignes ou par « ailes, par la droite ou par la gauche. » On sortait rarement de cette monotone, mais simple formation, et dans l'esprit du système de guerre qu'on suivait, c'était ce qu'il y avait de mieux à faire.

Les Français voulurent essayer à Minden une disposition logistique différente, en formant autant de colonnes que de brigades, et en ouvrant des chemins pour les conduire de front sur une ligne déterminée qu'elles ne purent jamais former (*).

Si le travail de l'état-major était facilité par ce mode de camper et de marcher par lignes, il faut convenir qu'appliqué à une armée de 100 ou 150 mille hommes, ce système produirait des colonnes sans fin, et qu'on aurait souvent des déroutes comme à Rosbach (**).

La révolution française amena le système des

(*) Chapitre 15 du traité des grandes opérations.

(**) Chapitre 4 du même ouvrage.

divisions, qui rompit la trop grande unité de l'ancienne formation, et donna des fractions capables de se mouvoir pour leur propre compte sur toute espèce de terrain, ce qui fut un bien réel, quoique l'on tombât peut-être d'un extrême dans un autre, en revenant presque à l'organisation légionnaire des Romains. Ces divisions, composées ordinairement d'infanterie, d'artillerie et de cavalerie, manœuvraient et combattaient séparément; soit qu'on les étendît outre mesure pour les faire vivre sans magasins, soit qu'on eût la manie de prolonger sa ligne dans l'espoir de déborder celle de l'ennemi, on vit souvent les sept ou huit divisions dont une armée se composait, marcher de front sur autant de routes à quatre ou cinq lieues l'une de l'autre; le quartier général se plaçait au centre, sans autre réserve que cinq ou six minces régiments de cavalerie de 3 à 400 chevaux; en sorte que si l'ennemi venait à réunir le gros de ses forces sur une de ses divisions et à la battre, la ligne se trouvait percée, et le général en chef, n'ayant aucune réserve d'infanterie sous la main, ne voyait d'autre ressource que de se mettre en retraite pour rallier ses forces morcelées.

Bonaparte, dans sa première guerre d'Italie, remédia à cet inconvénient, tant par la mobilité et la rapidité de ses manœuvres, qu'en réunissant toujours le gros de ses divisions sur le point où le coup décisif devait se porter.

Lorsqu'il se fut placé à la tête de l'état, et qu'il vit chaque jour agrandir la sphère de ses moyens et celle de ses projets, Napoléon comprit qu'une organisation plus forte était nécessaire; il prit donc un terme moyen entre l'ancien système et le nouveau, tout en conservant l'avantage de l'organisation divisionnaire. Il forma, dès la campagne de 1800, des corps de deux ou trois divisions, qu'il plaça sous des lieutenants-généraux pour former les ailes, le centre ou la réserve de l'armée (*).

Ce système fut définitivement consolidé au camp de Boulogne, où l'on organisa des corps d'armée permanents sous des maréchaux, qui commandaient trois divisions d'infanterie, une de cavalerie légère, et 36 à 40 pièces de canon avec des sapeurs. C'étaient autant de petites armées, propres à former, au besoin, toute entreprise par elles-mêmes. La grosse cavalerie fut réunie en

---

(*) Ainsi l'armée du Rhin était composée de l'aile droite, sous Lecourbe, trois divisions; du centre sous St.-Cyr, trois divisions; et de la gauche sous St.-Suzanne, deux divisions; le général en chef avait en outre trois divisions de réserve sous ses ordres immédiats.

une forte réserve, composée de deux divisions de cuirassiers, quatre de dragons et une de cavalerie légère. Les grenadiers réunis et la garde, formèrent une belle réserve d'infanterie : plus tard, en 1812, la cavalerie fut aussi organisée en corps de trois divisions, afin de donner plus d'unité aux masses toujours croissantes de cette arme.

Il faut en convenir, cette organisation laissait peu à désirer, et cette grande armée, qui fit effectivement de si grandes choses, fut bientôt le type sur lequel toute l'Europe se modela.

Quelques militaires rêvant la perfectibilité de l'art, auraient voulu que la division d'infanterie, appelée quelquefois à combattre seule, fût portée de deux brigades à trois, parce que ce nombre trois donne un centre et deux ailes, ce qui est d'un avantage manifeste, puisque sans cela le nombre deux donne pour centre un vide, un intervalle, et que les fractions formant les ailes, privées d'appui central, ne sauraient opérer isolément avec la même sécurité. Outre cela, le nombre de trois permet d'engager deux brigades et d'en avoir une en réserve, ce qui augmente évidemment les forces disponibles pour le choc décisif. Mais si 30 brigades, formées en 10 divisions de trois brigades, valent mieux que réparties en

15 divisions de deux brigades, il faudrait, pour obtenir cette organisation divisionnaire par excellence, augmenter l'infanterie d'un tiers ou réduire les divisions des corps d'armée à deux au lieu de trois, ce qui serait un mal plus réel, puisque le corps d'armée étant plus souvent appelé à combattre seul qu'une division, c'est surtout à lui que le nombre de trois convient le mieux (*).

Au demeurant, la meilleure organisation à donner à une armée qui entre en campagne, sera long-temps encore un problème de logistique à résoudre, à cause de la difficulté qu'on éprouve à la maintenir au milieu des événements de la guerre et des détachements incessants qu'ils nécessitent plus ou moins.

La grande armée de Boulogne que nous venons de citer, en est la preuve la plus évidente. Il semblait que son organisation parfaite dût la mettre à l'abri de toutes les vicissitudes possibles. Le centre

---

(*) Trente brigades, formées en quinze divisions de deux brigades chacune, n'engageraient que quinze brigades en première ligne; tandis que ces trente brigades, formées en dix divisions de trois brigades, donneraient vingt brigades en première ligne, et dix en seconde. Mais alors il faut diminuer le nombre des divisions et n'en avoir que deux par corps d'armée, ce qui serait fâcheux, puisque les corps d'armée sont plus souvent appelés à manœuvrer seuls que les divisions.

sous le maréchal Soult, la droite sous Davoust, la gauche sous Ney, la réserve sous Lannes, présentaient un corps de bataille régulier et formidable de 13 divisions d'infanterie, sans compter celles de la garde et des grenadiers réunis. Outre cela les corps de Bernadotte et Marmont détachés à droite, et celui d'Augereau détaché à gauche, étaient disponibles pour agir sur les flancs. Mais dès le passage du Danube à Donavert, tout fut interverti : Ney, d'abord renforcé jusqu'à 5 divisions, fut réduit à deux; le corps de bataille fut disloqué, partie à droite, partie à gauche, en sorte que ce bel ordre devint inutile.

Il sera toujours fort difficile de donner une organisation tant soit peu stable; cependant les événements ne sont pas toujours aussi compliqués que ceux de 1805, et la campagne de Moreau en 1800 prouve que l'organisation primitive peut jusqu'à un certain point se maintenir, du moins pour le gros de l'armée. A cet effet il semble que l'organisation de l'armée en 4 fractions, savoir, deux ailes, un centre, et une réserve, est la seule rationnelle; la composition de ces fractions pourra varier selon la force de l'armée; mais pour pouvoir la maintenir, il sera indispensable d'avoir un certain nombre de divisions hors de ligne, pour

Diverses formations de lignes de bataille pour deux Corps d'infanterie.

Figure I.

Deux Corps déployés l'un derrière l'autre.

Premier Corps.

2e Division. 1re Division.

Deuxième Corps.

2e Division. 1re Division.

Fig. II.

Deux Corps formés l'un à côté de l'autre.

Deuxième Corps. Premier Corps.

1re Division. 1re Division.

2e Division. 2e Division.

Fig. III.

Deux Corps de 2 Divisions à 3 brigades.

Premier Corps.

2e Division. 1re Division.

Deuxième Corps.

2e Division. 1re Division.

Fig. IV.

Deux Corps placés l'un à côté de l'autre.

Deuxième Corps. Premier Corps.

1re Division. 1re Division.

2e Division. 2e Division.

Fig. V.

Deux Corps de 2 Divisions à 3 brigades.

Premier Corps.

2e Division. 1re Division.

Deuxième Corps.

2e Division. 1re Division.

Fig. VI.

Deux Corps de la formation No. 5, placés l'un à côté de l'autre.

Deuxième Corps. Premier Corps.

1re Division. 1re Division.

2e Division. 2e Division.

Formation de deux Corps de 3 Divisions à 2 Brigades.

Fig. VII.

Formation de 3 Divisions.

Premier Corps.

3e Division. 2e Division. 1re Division.

Deuxième Corps.

Fig. VIII.

Autre formation 3 Divisions sur 2 lignes.

Deuxième Corps. Premier Corps.

2e Division. 1re Division. 2e Division. 1re Division.

3e Division. 3e Division.

Fig. IX.

Autre formation sur 3 lignes.

2e Corps. 1er Corps.

1re Division. 1re Division.

2e Division. 2e Division.

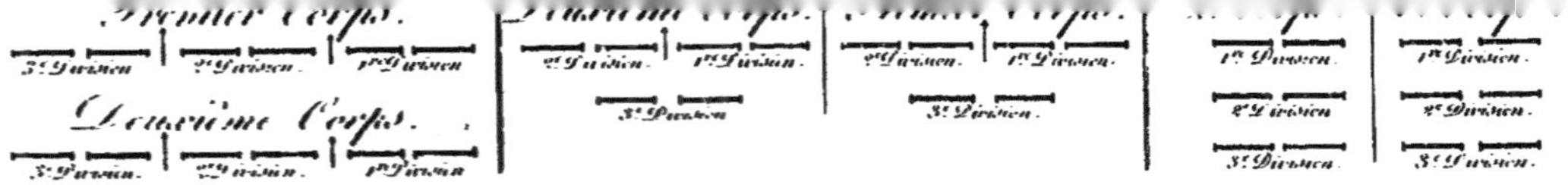

Premier Corps.

3e Division. 2e Division. 1re Division

Deuxième Corps.

3e Division. 2e Division. 1re Division

2e Division. 1re Division.

3e Division

2e Division. 1re Division.

3e Division.

1re Division. 2e Division. 3e Division.

1re Division. 2e Division. 3e Division.

Pour les Corps de 3 Divisions à 3 brigades chacune.

Fig. X.

Deux Divisions en 1re et une en 2e ligne.

Premier Corps.

2e Division. 1re Division.

3e Division.

Deuxième Corps.

2e Division. 1re Division

3e Division

Fig. XI.

Même ordre avec la 3e brigade en réserve et les deux Corps l'un à côté de l'autre.

Deuxième Corps. Premier Corps.

2e Division 1re Division. 2e Division 1re Division

3e Division 3e Division

Fig. XII.

Formation la plus mince : 12 Brigades en 1re ligne et 6 en seconde.

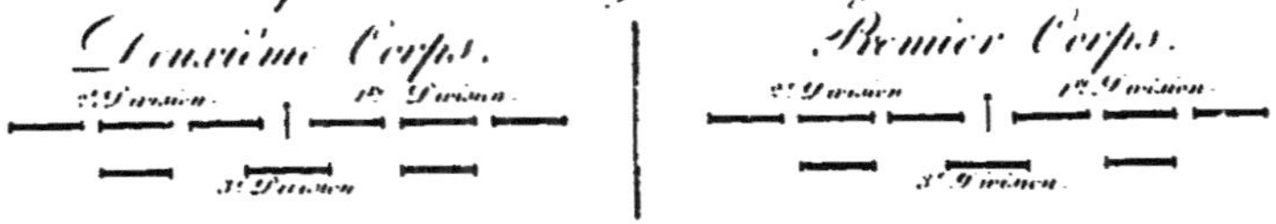

Deuxième Corps.

2e Division. 1re Division.

3e Division

Premier Corps.

2e Division 1re Division.

3e Division.

NB. Dans toutes ces formations les unités sont des brigades en lignes; mais ces lignes peuvent être formées de bataillons déployés, ou en colonnes d'attaque par Divisions de deux pelotons. La Cavalerie attachée à ces Corps se placerait sur les flancs.

On pourrait aussi placer les Brigades de manière à ce qu'elles eussent toutes un de leurs Régimens dans la première ligne et un dans la seconde.

fournir les détachements nécessaires. Ces divisions, en attendant qu'elles soient détachées, pourraient renforcer l'une ou l'autre de ces fractions, qui serait la plus exposée à recevoir ou à frapper de grands coups; ou bien on les emploierait soit sur les flancs du corps de bataille, soit à doubler la réserve. Chacune des quatre grandes fractions du corps de bataille pourra ne former qu'un seul corps de 3 à 4 divisions ou bien se diviser en deux corps de 2 divisions. Dans ce dernier cas on aurait 7 corps, en n'en comptant qu'un pour la réserve; mais il faudrait que le dernier eût toujours 3 divisions, afin que le centre et les ailes eussent chacun leur réserve.

En formant ainsi 7 corps, si l'on n'en avait pas toujours, quelques-uns hors de ligne pour fournir les détachements, il arriverait souvent que les corps des extrémités se trouveraient détachés, en sorte qu'il ne resterait pour chaque aile que 2 divisions dont il faudrait même par fois détacher encore une brigade pour flanquer la marche de l'armée, de manière qu'il n'y resterait plus que 3 brigades, ce qui ne constitue pas un ordre de bataille bien fort.

Ces vérités font croire qu'une organisation de la ligne de bataille en 4 corps de 3 divisions d'infanterie et une de cavalerie légère, plus trois ou quatre divisions destinées aux détachements, serait moins sujète à varier qu'une en 7 corps de 2 divisions.

Du reste, comme tout dépend, dans ces sortes d'arrangements, de la force de l'armée et des unités qui la composent, autant que de la nature de ses entreprises, il en résulte des variantes multipliées qu'il serait trop long de détailler ici, et je me bornerai à tracer sur la planche ci-jointe, les principales combinaisons que présenterait une formation, selon que les divisions seraient de 2 ou de 3 brigades, et les corps de 2 ou 3 divisions. On y a tracé la formation pour deux corps d'infanterie sur deux lignes, soit l'un derrière l'autre, soit l'un à côté de l'autre.

Ceci nous amène à examiner s'il peut jamais être convenable de placer ainsi deux corps l'un derrière l'autre, comme Napoléon le fit souvent, notamment à Wagram. Je crois qu'à l'exception des réserves, ce système ne saurait s'appliquer qu'à une position d'attente, et nullement à un ordre de combat; car il est bien préférable que chaque corps ait en lui-même sa seconde ligne et sa réserve, que d'entasser plusieurs corps sous des chefs différents. Quelque bien disposé que soit un général à soutenir un de ses collègues, il lui répugnera toujours de morceler ses forces à cet effet ; et quand au lieu d'un collègue, il ne verra dans le commandant de la première ligne qu'un rival envié, ainsi que cela n'arrive que trop souvent, il est probable qu'il ne lui fournira pas avec empressement le secours dont il pourrait avoir besoin. Outre cela un chef, dont le commandement est reparti sur une longue étendue, est bien moins sûr de ses opérations, que s'il n'embrassait que la moitié de ce front, et qu'il trouvât en échange dans plus de profondeur, le soutien qui lui serait nécessaire.

Enfin, pour compléter cet aperçu, on verra par le tableau ci-après (*) combien cette question de la

---

(*) Toute armée a deux ailes, un centre, et une réserve, en tout 4 fractions principales, outre les détachements éventuels.

Voici les diverses formations qu'on peut donner à l'infanterie :

1° *En régiments à 2 bataillons de 800 hommes.*

4 corps à 2 divisions — 8 plus 3 dns pour détachements	11 dns	22 bes	88 bns	= 72 mille h.
4 corps à 3 divisions — 12 plus 3 dns pour détachements	15 »	30 »	120 »	= 96 mille h.
7 corps d'armée à 2 divisions plus un 8e pour détachement	14 » 2 »	28 » 4 »	128 »	= 103 mille h.

2° *En régiments à 3 bataillons, brigades de 6 bataillons.*

4 corps à 2 dns outre les détachs	11 dns	22 bes	132 bns	= 105 mille h.
4 corps à 3 dns outre les détachs	15 »	30 »	180 »	= 144 mille h.
8 corps à 2 dns	16 »	32 »	192 »	= 154 mille h.

Si à ces chiffres on ajoute un quart pour la cavalerie, l'artillerie et

meilleure formation est subordonnée à la force de l'armée et combien elle est compliquée.

On ne saurait guère se régler aujourd'hui sur les énormes masses mises en action de 1812 à 1815, où nous avons vu une même armée former jusqu'à 14 corps qui avaient de 2 jusqu'à 5 divisions. Avec de telles forces, il est incontestable qu'on ne saurait rien imaginer de mieux qu'une organisation par corps d'armée de trois divisions: on destinerait 8 de ces corps pour la ligne de bataille et il en resterait 6 tant pour les détachements que pour renforcer tel point de cette ligne qu'on jugerait convenable. Mais pour appliquer ce système à des armées dans les proportions déjà fort respectables de 150 mille hommes seulement, on pourrait à peine employer des divisions de deux brigades, là où Napoléon et les alliés employaient des corps d'armée entiers.

En effet, si l'on destine 9 divisions pour former le corps de bataille, c'est-à-dire les deux ailes et le

---

sapeurs, on peut calculer la force nécessaire pour ces diverses formations.

Il faut seulement observer que les régiments à 2 bataillons de 800 hommes seraient bien faibles au bout de deux ou trois mois de campagne. S'ils n'ont pas 3 bataillons il faudrait alors au moins que les bataillons eussent mille hommes.

centre, et qu'on en destine 6 autres pour la réserve et les détachements éventuels, il faudrait 15 divisions ou 30 brigades, qui compteraient 180 bataillons si les régiments sont à 3 bataillons. Or, cela suppose déjà une masse de 145 mille fantassins, et une armée de 200 mille combattants.

Avec des régiments de 2 bataillons, cela n'exigerait, il est vrai, que 120 bataillons ou 96 mille fantassins; mais si les régiments n'ont que 2 bataillons, alors la force de ceux-ci doit être portée à mille hommes, ce qui donnerait toujours 120 mille fantassins et une armée de 160 mille hommes. Ces calculs seuls prouvent combien le système de formation des fractions inférieures influe sur celui des grandes fractions.

Si une armée ne passe pas 100 mille hommes, la formation en divisions, comme en 1800, vaudrait peut-être mieux que celle par corps.

Après avoir recherché le meilleur mode pour donner une organisation un peu stable au corps de bataille, il ne sera pas hors de propos d'examiner si cette stabilité est désirable, et si l'on ne trompe pas mieux l'ennemi en changeant fréquemment la composition des corps et leur emplacement.

Je ne nie pas ce dernier avantage, mais il est possible de le concilier avec celui que procure la stabilité approximative dans l'ordre de bataille. Si l'on réunit les divisions destinées aux détachements avec les ailes et le centre, c'est-à-dire si l'on compose ces fractions de 4 divisions au lieu de 3, et si parfois on ajoute une ou deux divisions à celle des ailes qui serait le plus probablement destinée au choc principal, on aura aux ailes des corps qui seront dans le fond de 4 divisions, mais qui par les détachements n'en auront ordinairement que trois, et parfois pourront être réduites à deux, tandis que l'aile opposée renforcée d'une partie de la réserve, jusqu'à la concurrence de 5 divisions, offrirait une différence assez notable pour que l'ennemi ne sût jamais au juste la force réelle des fractions du corps de bataille qu'il aurait devant lui. Il y aurait par ce moyen plus d'unité dans les ordres de mouvements de l'état-major, plus de facilité pour les expéditions journalières, et cependant pas assez de régularité pour que l'ennemi sût toujours précisément à qui il aurait à faire. Mais je m'aperçois du reste que je m'engage trop loin dans une arène où je ne devais pas même entrer. C'est aux gouvernements à décider ces questions qui méritent un mûr examen, et doivent faire l'objet d'une instruction pour l'état-major. Instruction néanmoins qui ne saurait imposer des chaînes absolues au généralissime, lequel doit toujours pouvoir régler la distribution de ses forces selon ses vues particulières et l'étendue des entreprises qu'il formerait.

En définitive, quels que soient la force et le nombre des subdivisions ou fractions de l'armée, l'organisation par corps d'armée restera probablement long-temps comme type normal chez toutes les grandes puissances continentales, et c'est d'après cette vérité que la ligne de bataille doit être calculée.

Si la répartition des troupes y est différente d'autres fois, la ligne de bataille en elle-même a subi aussi quelques changements qui résultent des réserves et de la cavalerie légère attachée aux divers corps d'infanterie. Jadis elle se composait ordinairement de deux lignes, aujourd'hui elle est composée de deux lignes avec une ou plusieurs réserves. Mais dans les derniers temps, les masses européennes qui se sont choquées étaient devenues si considérables, que les corps d'armée, formés eux-mêmes sur deux lignes, se trouvant souvent placés l'un derrière l'autre, formaient ainsi quatre lignes; et les corps de réserve étant formés aussi de même, il en résultait fréquemment jusqu'à six lignes d'infanterie et plusieurs de cavalerie; formation bonne peut-être pour une position préparatoire, mais qui est trop profonde pour le combat.

Quoi qu'il en soit, la formation classique, si l'on peut lui donner ce nom, est encore à l'heure qu'il est, pour l'infanterie, celle sur deux lignes : l'étendue plus ou moins rétrécie du champ de bataille, et la force des armées pourront bien motiver quelquefois une formation plus profonde, mais ce sera toujours à titre d'exception ou pour un coup de collier seulement, car l'ordre sur deux lignes outre les réserves, paraissant suffire pour la solidité, et donnant plus de forces combattant à la fois, semble bien aussi le plus convenable.

Lorsque l'armée possède un corps permanent d'avant-garde, ce corps peut aussi être formé en avant de la ligne de bataille ou retiré en arrière pour augmenter la réserve (*); mais comme on

---

(*) L'avant-garde étant tous les jours exposée en face de l'ennemi et formant même l'arrière-garde quand il s'agit de rétrograder, il semble assez juste, au moment de la bataille, de lui donner un poste moins exposé que celui d'être placée en avant de la ligne de bataille.

l'a déjà dit ailleurs, cela arrive rarement d'après les formations actuelles et la manière de combiner les marches qu'elles nécessitent ; chaque aile de l'armée a sa propre avant-garde, et celle du corps de bataille se trouve tout naturellement fournie par les troupes du corps d'armée qui marcherait en tête : quand on vient en présence, ces divisions rentrent dans leurs positions de bataille respectives. Souvent même les réserves de cavalerie se trouvent presque en entier à l'avant-garde, ce qui n'empêche pas qu'au moment de livrer bataille, elles ne reprennent aussi le poste qui leur est assigné, soit par la nature du terrain, soit par les vues du général en chef.

D'après ce que nous venons d'exposer, nos lecteurs s'assureront que les errements suivis depuis la renaissance de l'art de la guerre et l'invention de la poudre jusqu'à la révolution française, ont subi de grands changements par l'organisation actuelle, et que pour bien apprécier les guerres de Louis XIV, de Pierre-le-Grand et de Frédéric II, il faut nécessairement se reporter au système adopté de leur temps.

Toutefois, une partie des anciennes méthodes peut être encore employée, et si, par exemple, le placement de la cavalerie sur les ailes n'est plus une règle fondamentale, il peut être bon pour des armées de 50 à 60 mille hommes, surtout quand le centre se trouve sur un terrain moins propre à cette arme que l'une ou l'autre des extrémités. Il est généralement d'usage d'attacher une ou deux brigades de cavalerie légère à chaque corps d'infanterie, ceux du centre la placeront préférablement derrière la ligne : ceux des ailes peuvent la placer sur leurs flancs. Quant aux réserves de cette arme, si elle est assez nombreuse pour organiser trois corps, afin que le centre et chacune des ailes ait sa réserve, ce serait un ordre aussi parfait qu'on puisse le désirer. A défaut de cela on pourrait disposer cette réserve en deux colonnes, l'une au point où le centre se lie à la droite, l'autre entre le centre et la gauche : ces colonnes pourraient ainsi arriver avec la même facilité sur tous les points de la ligne qui seraient menacés (*).

L'artillerie, aujourd'hui plus mobile, est bien comme autrefois répartie sur tout le front, puisque chaque division a la sienne. Cependant il est

(*) Il est bien entendu que ce placement suppose un terrain propice à cette arme, première condition de tout ordre de bataille bien combiné.

bon d'observer que, son organisation s'étant perfectionnée, on peut mieux la répartir selon les besoins, et c'est toujours un grand tort que de la trop éparpiller. Il existe au reste peu de règles positives sur cette répartition de l'artillerie; car, qui oserait conseiller, par exemple, de boucher une trouée dans une ligne de bataille, en plaçant 100 pièces en une seule batterie, fort loin de toute la ligne, comme Napoléon le fit avec tant de succès à Wagram? Ne pouvant entrer ici dans tous les détails de cette arme, nous nous bornerons à dire :

1° Que l'artillerie à cheval doit être placée sur un terrain où elle puisse se mouvoir en tout sens.

2° Que l'artillerie à pied, surtout celle de position, serait mieux placée, au contraire, sur un point où elle se trouverait couverte de fossés ou de haies qui la missent à l'abri d'une charge subite de cavalerie. Je ne dirai pas que, pour lui conserver son plus grand effet, on se garde de la placer sur des éminences trop plongeantes, mais bien sur des terrains plats ou des talus en glacis; c'est ce que chaque sous-lieutenant doit nécessairement savoir.

3° Si l'artillerie à cheval est principalement affectée à la cavalerie, il est bon toutefois que chaque corps d'armée ait la sienne, pour gagner rapidement un point essentiel à occuper. Outre cela, il est convenable qu'il y en ait aussi à la réserve d'artillerie, afin de pouvoir la porter avec plus de promptitude au secours d'un point menacé. Le général Benningsen eut lieu de s'applaudir à Eylau d'avoir réuni 50 pièces légères en réserve, car elles contribuèrent puissamment à rétablir ses affaires entre le centre et la gauche où sa ligne venait d'être enfoncée.

4° Si l'on est sur la défensive, il convient de placer une partie des batteries de gros calibre sur le front, au lieu de les tenir en réserve, puisqu'il s'agit de battre l'ennemi du plus loin possible, pour arrêter l'impulsion de son attaque et semer le trouble dans ses colonnes.

5° Dans le même cas de défensive, il semblerait convenable, qu'à part la réserve, l'artillerie fût également distribuée sur toute la ligne, puisqu'on a un égal intérêt à repousser l'ennemi sur tous les points : cela n'est cependant pas rigoureusement vrai, car la nature du terrain et les projets évidents de l'ennemi pourraient nécessiter de porter le gros de l'artillerie sur une aile ou sur le centre.

6° Dans l'offensive, il peut être également

avantageux de concentrer une très forte masse d'artillerie sur un point où l'on voudrait porter un effort décisif, afin d'y faire, dans la ligne ennemie, une brèche qui faciliterait la grande attaque d'où dépendrait le succès de la bataille.

N'ayant d'ailleurs à traiter ici que de la répartition de l'artillerie, nous parlerons plus tard de son emploi dans les combats.

ARTICLE XLIV.

De la formation et de l'emploi de l'infanteries.

L'infanterie est sans contredit l'arme la plus importante, puisqu'elle iorme les quatre cinquièmes d'une armée, que c'est elle qui enlève les positions ou qui les défend. Mais si l'on doit reconnaître qu'après le talent du général elle est le premier instrument de victoire, il faut avouer aussi qu'elle trouve un puissant appui dans la cavalerie et l'artillerie, et que sans leur secours elle se verrait souvent fort compromise, et ne pourrait remporter que des demi-succès.

Nous n'évoquerons pas ici les vieilles disputes sur l'ordre mince et l'ordre profond, bien que la question, qu'on croyait décidée, soit loin d'être épuisée et placée sous un point de vue qui permette de la résoudre du moins par des exemples et des probabilités. La guerre d'Espagne et la bataille de Waterloo ont renouvelé les controverses relatives à l'avantage du feu ou de l'ordre mince, sur l'impulsion des colonnes d'attaque ou de l'ordre profond; nous dirons plus loin ce que nous en pensons.

Cependant il ne faut pas s'y méprendre ; il ne s'agit plus aujourd'hui de disputer si Lloyd avait raison de vouloir donner à l'infanterie un quatrième rang armé de piques, afin d'offrir plus de choc en allant à l'ennemi, ou plus de résistance en recevant son attaque ; chaque militaire expérimenté convient, de nos jours, qu'on a déjà assez de peine à mouvoir avec ordre des bataillons déployés sur trois rangs emboités, et qu'un quatrième rang ajouterait à cet embarras sans ajouter la moindre chose à la force. Il est étonnant que Lloyd, qui avait fait la guerre, ait tant insisté sur cette force matérielle ; car on s'aborde bien rarement au point que cette supériorité mécanique puisse être mise à l'épreuve ; et si trois rangs tournent le dos, ce n'est pas le quatrième qui les retiendra. Cette augmentation d'un rang diminue, dans la défensive, le front et le feu ; tandis que dans l'offensive elle est loin d'offrir la mobilité et l'impulsion qui sont les avantages des colonnes d'attaque. On peut affirmer même qu'elle diminuera cette impulsion, car il est plus difficile de faire marcher 800 hommes en bataille sur quatre rangs pleins, que sur trois, bien qu'il y ait un quart de moins dans l'étendue du front ; la difficulté de l'emboitement des deux rangs du milieu compense amplement cette légère différence.

Lloyd n'a pas été beaucoup mieux inspiré dans le choix du moyen qu'il propose pour diminuer l'inconvénient du rétrécissement du front ; il est tellement absurde, qu'on ne conçoit pas qu'un homme de génie ait pu l'imaginer. Il veut déployer 20 bataillons, en laissant entre chacun d'eux 75 toises, c'est-à-dire un intervalle égal à leur front ; on peut penser ce que deviendront ces bataillons tous désunis et isolés à une pareille distance, laissant entre eux vingt lacunes où la cavalerie pourrait pénétrer en fortes colonnes, les prendre en flanc et les balayer comme la poussière au vent.

La question, avons-nous dit, ne consiste plus à discuter sur l'augmentation du nombre des rangs d'une ligne, mais seulement à décider si elle doit être composée de bataillons déployés, n'agissant que par le feu, ou bien de colonnes d'attaque formées chacune d'un bataillon ployé sur les deux pelotons du centre, et n'agissant que par leur impulsion et leur impétuosité. Plusieurs écrivains modernes ont traité ces matières avec sagacité, sans qu'aucun d'eux soit parvenu à rien présenter de concluant, parce qu'en tactique tout est bien plus subordonné aux événements imprévus, aux inspirations soudaines, au moral et aux individualités. Guibert fut le plus éloquent prôneur de l'ordre mince et des feux, et cent victoires des dernières guerres lui ont donné cent démentis. Les marquis de Chambray et de Ternay ont abordé les mêmes questions, et ont fait naître des doutes sans les résoudre. Le cours de tactique du dernier présente néanmoins, pour les ordres de bataille surtout, des développements précieux, non pour en formuler des règles absolues, mais pour se familiariser avec les différentes combinaisons qui peuvent en résulter : c'est là tout le fruit qu'on peut se promettre d'un ouvrage de tactique (*).

Le général Okounief, dans son examen raisonné des trois armes, n'a pas montré moins de pénétration, ni obtenu moins de succès. Peut-être n'a-t-il pas été assez concluant et a-t-il laissé planer encore quelque incertitude sur la solution du problème. De même que ses devanciers, il n'a point recherché si les colonnes françaises, repoussées par le feu des Anglais déployés, n'étaient pas

(*) Le major prussien Decker a écrit en allemand un ouvrage également bon à consulter, sous le titre de *Tactique des trois armes*; mais il présente un système de masses trop entassées. En France, M. Jacquinot a donné aussi un bon cours élémentaire.

des masses par trop profondes, au lieu d'être simplement des colonnes d'un seul bataillon, comme celles dont nous venons de faire mention, ce qui constituera une différence capitale.

Je vais résumer les points de vue que la question présente.

Il n'existe au fait que cinq manières de former les troupes pour aller à l'ennemi :

1° En tirailleurs;

2° En lignes déployées, soit contiguës, soit en échiquier;

3° En lignes de bataillons ployés sur le centre de chaque bataillon;

4° En masses profondes;

5° En petits carrés.

Les tirailleurs sont un accessoire, car ils ne doivent que couvrir la ligne proprement dite à la faveur du terrain, protéger la marche des colonnes, garnir des intervalles, ou défendre les abords d'un poste.

Ces divers modes de formation se réduisent ainsi à quatre systèmes : l'ordre mince ou déployé sur trois rangs; l'ordre demi-profond, formé d'une ligne de bataillons en colonnes d'attaque sur le centre, ou de carrés par bataillons; l'ordre mixte où les régiments seraient en partie déployés.

Différentes formations pour le Combat.

N.B. *Toutes les dispositions sont suposées pour une Division de 12 Bataillons.*

Fig. 1.re *Ordre déployé sur 2 lignes.*

Fig. 2.

Quatre Régimens de 3 Bataillons dont un déployé et deux autres en Colonne.

Au lieu de mettre les Bataillons en Colonnes derrière les 1.re et 4.e Divisions, on pourrait les placer à côté d'elles, ce qui augmenterait le front de 2 Divisions par Régiment.

Fig. 3.

Colonne de 10 Bataillons déployés l'un derrière l'autre avec un Bataillon marchant par files sur chaque flanc.

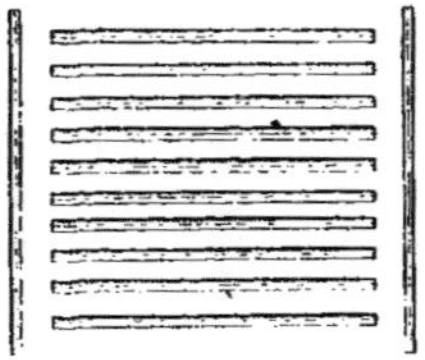

Fig. 4.

La même Division formée par Brigade.

Fig. 5.

Douze Bataillons en Colonnes d'attaque sur deux lignes avec tirailleurs dans les intervalles.

Fig. 6.

Les mêmes Bataillons placés sur 2 rangs au lieu de 3, et la 4.e Division répandue en tirailleurs.

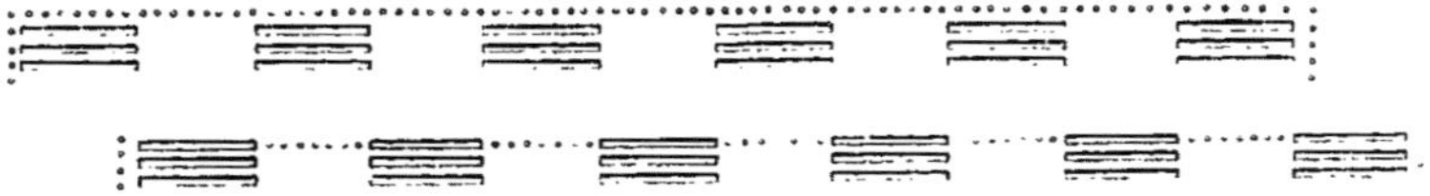

Fig. 7.

Division en Carrés par Bataillons en échiquier.

Fig. 7.

Division en Carrés par Bataillons en échiquier.

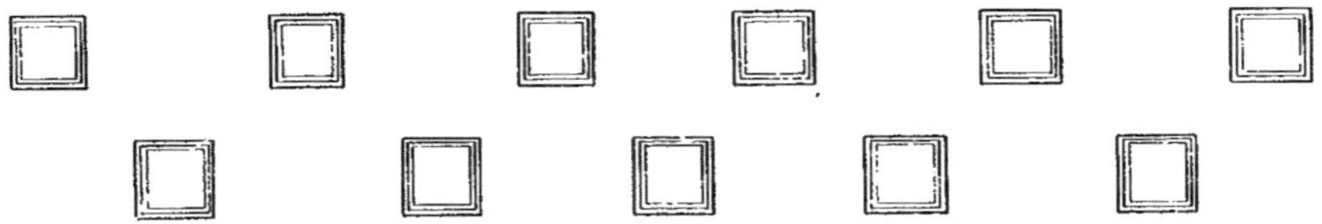

Fig. 8.

La même Division en Carrés longs par Bataillons.

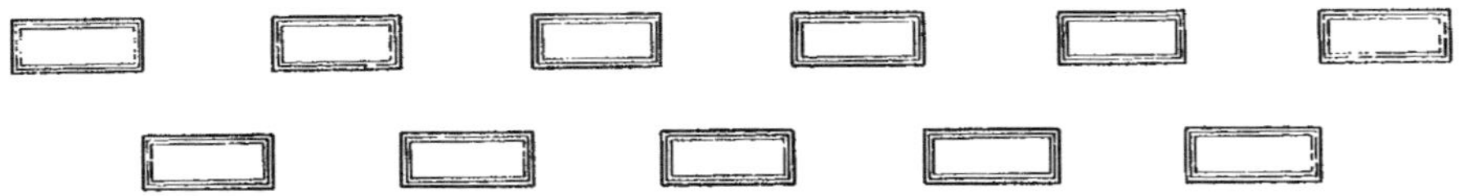

Fig. 9.

La même en Carrés par Régimens de 3 Bataillons.

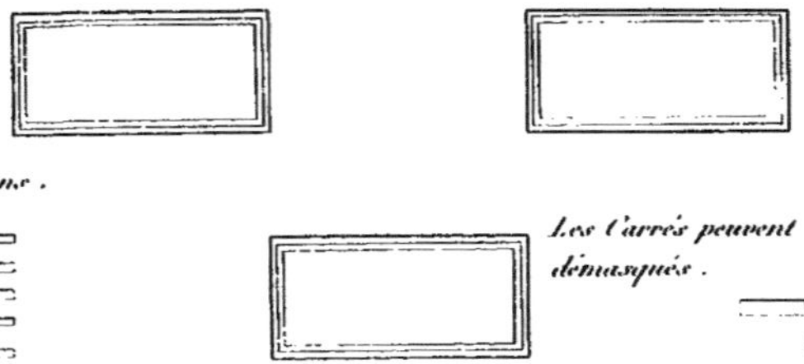

Fig. 10.

Division de Cavalerie de 3 Régimens.

La Cavalerie déployée doit être en échiquier plutôt qu'en lignes pleines.

Les Carrés peuvent être aussi formés en échelons démasqués.

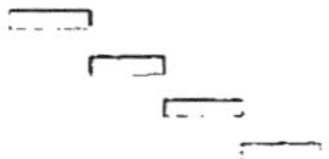

On peut former tous les ordres de Batailles avec des Carrés comme avec des lignes déployées.

et partie en colonnes; enfin l'ordre profond, composé de grosses colonnes de bataillons déployés l'un derrière l'autre.

L'ordre déployé sur deux lignes, avec une réserve, était jadis généralement usité; il convient surtout à la défensive. Ces lignes déployées peuvent être contiguës, formées en échiquier ou en échelons.

L'ordre par lequel chaque bataillon d'une ligne se trouve formé en colonne d'attaque par divisions sur le centre, est plus concentré; c'est en quelque sorte une ligne de petites colonnes (comme la figure 5 de la planche ci-contre).

Dans l'ordonnance actuelle sur trois rangs, le bataillon ayant quatre divisions (*), cette colonne présenterait douze rangs en profondeur, ce qui donne sans doute trop de non combattants et trop de prise au canon. Pour diminuer ces inconvénients, on a proposé, toutes les fois qu'on voudrait employer l'infanterie en colonnes d'attaque, de la former sur deux rangs, de ne placer que trois di-

(*) Le mot de division, employé pour exprimer quatre ou cinq régiments, comme pour désigner deux pelotons d'un même bataillon, forme une confusion dans le langage tactique qu'il importerait de faire cesser. C'est à l'ordonnance seule que ce droit est réservé.

visions de chaque bataillon l'un derrière l'autre, et de répandre la quatrième en tirailleurs dans les intervalles des bataillons et sur les flancs, sauf à les rallier derrière les trois divisions si la cavalerie ennemie venait à charger (Voyez figure 6). Chaque bataillon aurait par ce moyen 200 tireurs de plus, outre ceux que donnerait l'augmentation du tiers du front en mettant le troisième rang dans les deux premiers. Ainsi il n'y aurait au fait que six hommes de profondeur, et on obtiendrait 100 files de front et 400 tireurs pour chaque colonne d'attaque d'un bataillon. Il y aurait ainsi force et mobilité réunies (*). Un bataillon de 800 hommes, formé d'après la méthode usitée, en colonne de quatre divisions, présente environ 60 files à chaque division, et la première seulement faisant le feu de deux rangs, il n'y aurait que 120 coups à fournir par chacun des bataillons ainsi placés en ligne, tandis que, d'après le mode proposé, il en donnerait 400.

(*) Dans l'armée russe on prend les tirailleurs dans le troisième rang de chaque compagnie ou division, ce qui réduit la colonne à huit rangs au lieu de douze, et procure plus de mobilité. Mais pour la facilité de rallier les tirailleurs à la colonne, peut-être vaudrait-il autant y employer la quatrième division entière, on aurait alors neuf rangs ou trois divisions à trois rangs, contre l'infanterie et la colonne pleine de douze rangs contre la cavalerie.

Mais tout en recherchant les moyens d'obtenir plus de feu au besoin, il importe de se rappeler aussi que la colonne d'attaque n'est point destinée à tirer, et qu'elle doit réserver ce moyen pour un cas désespéré; car, si elle commence à faire feu en marchant à l'ennemi, son impulsion deviendra nulle et l'attaque sera manquée. Outre cela, cet ordre aminci ne serait avantageux que contre l'infanterie, car la colonne sur quatre sections de trois rangs, formant une espèce de carré plein, vaudrait mieux contre la cavalerie. L'archiduc Charles se trouva bien à Essling, et surtout à Wagram, d'avoir adopté ce dernier ordre, que je proposai dans mon chapitre des principes généraux de la guerre, publié en 1807; la brave cavalerie de Bessières ne put rien contre ces petites masses (*).

Pour donner plus de solidité à la colonne proposée, on pourrait à la vérité rappeler les tirailleurs et reformer la quatrième section; mais on ne serait toujours que sur deux rangs, ce qui

---

(*) M. de Wagner semble mettre en doute que j'aie contribué à faire adopter cette formation : S. A. R. l'archiduc Charles me l'a cependant assuré elle-même en 1814; car en Autriche, ainsi que dans l'ordonnance française, la colonne n'était usitée que pour les attaques de postes, et non pour les lignes de bataille.

présenterait beaucoup moins de résistance contre une charge, principalement sur les flancs. Si, pour atténuer cet inconvénient, on voulait former le carré, bien des militaires croient que sur deux rangs, il offrirait moins de consistance encore que la colonne. Cependant les carrés anglais n'étaient que sur deux rangs à Waterloo, et malgré les héroïques efforts de la cavalerie française, il n'y eut qu'un seul bataillon d'enfoncé.

J'ai exposé toutes les pièces du procès; il me reste à observer que, si l'on voulait adopter la formation sur deux rangs pour la colonne d'attaque, il serait difficile de conserver celle sur trois rangs pour les lignes déployées, une armée ne pouvant guère avoir deux modes de formation, ou du moins les employer alternativement dans un jour de combat. Dès lors quelle serait l'armée européenne (si l'on excepte les Anglais) que l'on pût se hasarder à déployer en lignes sur deux rangs. Il faudrait dans ce cas ne jamais se mouvoir qu'en colonne d'attaque.

J'en conclus que le système employé par les Russes et les Prussiens, celui de former la colonne de quatre divisions sur trois rangs, dont un peut au besoin être employé en tirailleurs, est celui qui s'applique le plus généralement à toutes les situations; tandis que l'autre dont nous avons parlé ne conviendrait que dans certains cas, et exigerait un double mode de formation.

Indépendamment des deux ordres susmentionnés, il en existe un mixte, que Napoléon employa au Tagliamento et les Russes à Eylau : leurs régiments de trois bataillons en déployèrent un en première ligne, et formèrent les deux autres derrière celui-ci en colonnes sur les pelotons des extrémités (figure 2, planche 4). Cette ordonnance, qui appartient aussi à l'ordre demi-profond, convient en effet à la défensive-offensive, parce que les troupes déployées en première ligne résistent long-temps par un feu meurtrier dont l'effet ébranle toujours un peu l'ennemi : alors les troupes formées en colonnes peuvent déboucher par les intervalles et se jeter sur lui avec succès. Peut-être pourrait-on augmenter l'avantage de cette formation, en plaçant les deux bataillons des ailes sur la même ligne que celui du centre qui serait déployé, de manière que les premières divisions de ces bataillons seraient en ligne. Il y aurait ainsi un demi-bataillon de plus par chaque régiment dans la première ligne, ce qui pour le feu ne serait pas indifférent; mais il serait à craindre que ces divisions se mettant à tirailler, les deux bataillons gardés en colonnes pour les lancer sur l'ennemi, fussent moins facilement disponibles. Toutefois il y a bien des cas où un ordre pareil serait avantageux, cela suffit pour devoir l'indiquer.

L'ordre en masses trop profondes est certainement le moins convenable (figure 3). On a vu dans les dernières guerres des divisions de 12 bataillons déployés et serrés les uns derrière les autres, formant 36 rangs pressés et entassés. De pareilles masses sont exposées aux ravages de l'artillerie, diminuent la mobilité et l'impulsion sans rien ajouter à la force; ce fut une des causes du peu de succès des Français à Waterloo; si la colonne de Macdonald réussit mieux à Wagram, il lui en coûta cher, et sans la réussite des attaques de Davoust et d'Oudinot sur la gauche de l'archiduc, il n'est pas probable que cette colonne fût sortie victorieuse de la position où elle se vit un moment placée.

Quand on se décide à risquer une pareille masse, il faut du moins avoir soin d'établir sur chaque flanc un bataillon marchant par files, afin que si l'ennemi venait à charger en forces sur ses flancs, cela n'obligeât pas la colonne à s'arrêter (voyez figure 3) : protégée par ces bataillons qui feront face à l'ennemi, elle pourra du moins continuer sa marche jusqu'au but qui lui est assigné; autrement cette masse inerte, foudroyée par des feux convergents auxquels elle n'a pas même à opposer une impulsion convenable, sera mise en désordre comme la colonne de Fontenoy, ou rompue comme la phalange macédonienne le fut par Paul Emile.

Les carrés sont bons dans les plaines et contre un ennemi supérieur en cavalerie; on les formait jadis très grands, mais il est reconnu que le carré par régiment est le meilleur pour la défensive, et le carré par bataillon pour l'offensive. On peut, selon les circonstances, les former en carrés parfaits ou en carrés longs, pour obtenir un plus grand front et présenter plus de feux du côté où l'ennemi est censé devoir venir (voyez figures 8 et 9). Un régiment de trois bataillons formerait aisément un carré long, en rompant le bataillon du milieu et faisant faire un à droite et un à gauche à chaque demi-bataillon.

Dans les guerres de Turquie, on employait presque exclusivement les carrés, parce que les hostilités avaient lieu dans les vastes plaines de la Bessarabie, de la Moldavie ou de la Valachie, et que les Turcs avaient une cavalerie immense. Mais si les opérations ont lieu dans le Balkan ou au-delà, et si leur cavalerie féodale fait place à une armée organisée dans les proportions européennes, l'importance des carrés diminuera, et l'infanterie russe montrera toute sa supériorité en Romélie.

Quoi qu'il en soit, l'ordre en carrés par régiments ou bataillons, paraît convenable à tout genre d'attaque, dès qu'on n'a pas la supériorité en cavalerie, et qu'on manœuvre sur un terrain uni, propice aux charges de l'ennemi. Le carré long, surtout appliqué à un bataillon de huit pelotons, dont trois marcheraient de front et un sur chacun des côtés, vaudrait mieux pour aller à l'attaque qu'un bataillon déployé; il serait moins bon que la colonne proposée plus haut, mais il y aurait moins de flottement et plus d'impulsion que s'il marchait en ligne déployée; il aurait de plus l'avantage d'être en mesure contre la cavalerie.

Il serait difficile d'affirmer que chacune de ces formations soit toujours bonne, ou toujours mauvaise; mais on conviendra du moins, qu'il est de règle incontestable que, pour l'offensive, il faut un mode qui réunisse *mobilité*, *solidité* et *impulsion*, tandis que pour la défensive, il faut la *solidité* réunie *au plus de feux possible.*

Cette vérité admise, il restera à décider si la troupe offensive la plus brave, formée en colonnes et privée de feux, tiendrait long-temps contre une troupe déployée ayant 20 mille coups de fusil à lui envoyer, et pouvant en cinq minutes lui en tirer 2 ou 300 mille. Dans les dernières guerres, on a vu maintes fois des colonnes russes, françaises et prussiennes, emporter des positions l'arme au bras sans tirer un coup de fusil; c'est le triomphe de l'impulsion et de l'effet moral qu'elle produit; mais contre le feu meurtrier et le sang-froid de l'infanterie anglaise, les colonnes n'ont point eu le même succès à Talavera, à Busaco, à Fuente di Honor, à Albuera, encore moins à Waterloo.

Cependant, il serait imprudent d'en conclure, que ce résultat fasse pencher décidément la balance en faveur de l'ordre mince et des feux; car, si les Français se sont entassés dans toutes ces affaires en masses trop profondes, comme je l'ai vu plus d'une fois de mes propres yeux, il n'est pas étonnant que d'énormes colonnes, formées de bataillons déployés et flottants, battues de front et de flanc par un feu meurtrier, et assaillies de tous côtés, aient éprouvé le sort que nous avons signalé plus haut. Mais le même résultat aurait-il eu lieu avec des colonnes d'attaque, formées chacune d'un seul bataillon ployé sur le centre selon le règlement? C'est ce que je ne pense pas; et pour juger de la supériorité décidée de l'ordre mince ou des feux sur l'ordre demi-profond ou d'impulsion offensive, il faudrait voir, à plusieurs reprises, ce qui arriverait à une ligne déployée, qui serait franchement abordée par un ennemi ainsi formé (figure 6 de la planche 4). Quant à moi, je puis affirmer que, dans toutes les actions où je me suis trouvé, j'ai vu réussir ces petites colonnes.

D'ailleurs est-il bien facile d'adopter un autre ordre pour marcher à l'attaque d'une position? Est-il possible d'y conduire une ligne immense en ordre déployé et faisant feu? Je crois que chacun se prononcera pour la négative : lancer 20 et 30 bataillons en ligne, en exécutant des feux de files ou de pelotons, dans le but de couronner une position bien défendue, c'est vouloir y arriver en désordre comme un troupeau de moutons, ou plutôt c'est vouloir n'y arriver jamais.

Que doit-on conclure de tout ce que nous venons de dire? 1° Que si l'ordre profond est dangereux, l'ordre demi-profond est excellent pour l'offensive; 2° Que la colonne d'attaque par bataillons est le meilleur ordre pour emporter une position, mais qu'il faut diminuer autant que possible sa profondeur, pour lui donner plus de feux au besoin, et pour diminuer l'action du feu ennemi: il convient en outre de la couvrir par beaucoup de tirailleurs et de la soutenir par la cavalerie; 3° Que l'ordre déployé en première ligne, avec la seconde ligne en colonne, est celui qui convient le mieux à la défensive; 4° Que l'un et l'autre peuvent triompher selon le talent qu'aura un général pour employer à propos ses forces disponibles, ainsi que nous l'avons dit en traitant de l'initiative, à l'article 16 et à l'article 30.

A la vérité, depuis que ce chapitre a été écrit, les nombreuses inventions qui ont eu lieu dans l'art de détruire les hommes pourraient militer en faveur de l'ordre déployé, même pour aller à l'attaque. Toutefois il serait difficile de devancer les leçons qu'il faut attendre de l'expérience seule; car malgré tout ce que les batteries de fusées, les obusiers de Schrapnel ou de Bourman, et même les fusils de Perkins, peuvent offrir de menaçant, j'avoue que j'aurai de la peine à concevoir un meilleur système pour conduire de l'infanterie à l'assaut d'une position, que celui de la colonne de bataillons. Peut-être même faudra-t-il songer à rendre à l'infanterie les casques et cuirasses qu'elle portait au 15e siècle, avant de la jeter sur l'ennemi en lignes déployées. Mais si l'on revenait décidément à ce système déployé, il faudrait du moins, pour marcher à l'attaque, trouver un moyen plus favorable que celui de longues lignes contiguës, et adopter, soit les colonnes à distances pour déployer en arrivant sur la position ennemie, soit les lignes rompues en échiquier, soit enfin la marche en bataille par le flanc des pelotons, opérations toutes plus ou moins scabreuses en face d'un adversaire qui saurait en profiter. Cependant, comme nous l'avons dit, un général habile peut, selon les circonstances et les localités, combiner l'emploi des deux systèmes.

Si l'expérience m'a prouvé depuis long-temps, que l'un des problèmes les plus difficiles de la tactique de guerre était le meilleur mode de former les troupes pour aller au combat, j'ai reconnu aussi que vouloir résoudre ce grand problème d'une manière absolue et par un système exclusif, est chose impossible.

D'abord la nature des contrées diffère essentiellement : il y en a où l'on peut manœuvrer avec

200 mille hommes déployés, comme en Champagne: il y en a d'autres, comme l'Italie, la Suisse, la vallée du Rhin, la moitié de la Hongrie, où l'on peut à peine déployer une division de dix bataillons. Le degré d'instruction des troupes à toutes sortes de manœuvres, leur armement et leur caractère national, peuvent aussi avoir de l'influence sur les formations.

Grâce à la grande discipline de l'infanterie russe et à son instruction pour les manœuvres de toute espèce, il est possible que l'on parvienne à la mouvoir en grandes lignes, avec assez d'ordre et d'ensemble pour lui faire adopter un système qui serait, je crois, impraticable avec des Français ou des Prussiens d'aujourd'hui. Mon expérience dans ce genre m'a appris à croire tout possible, et je ne suis pas du nombre des orthodoxes qui n'admettent qu'un même type et un même système pour toutes les armées comme pour tous les pays.

Pour approcher le plus possible de la solution du problème, il me semble donc que l'on doit rechercher :

a) Le meilleur mode de se mouvoir en vue de l'ennemi, mais encore hors de portée de ses coups.

b) Le meilleur mode d'aborder à l'attaque.

c) Le meilleur ordre de bataille défensif.

Quelque solution que l'on donne à ces questions, il me paraît convenable, dans tous les cas, d'exercer les troupes :

1° A la marche en colonnes de bataillons sur le centre pour déployer, si l'on veut, à portée de mousquet, ou pour aborder l'ennemi avec les colonnes mêmes s'il le faut.

2° A la marche en lignes déployées et contiguës par 8 ou 10 bataillons à la fois.

3° A la marche en *échiquier de bataillons déployés*, qui offrent des lignes brisées plus faciles à mouvoir que de longues lignes contiguës.

4° A la marche en avant par les flancs des pelotons.

5° A la marche en avant par petits carrés, soit en ligne, soit en échiquier.

6° Aux changements de front, par le moyen de ces diverses méthodes de marcher.

7° Aux changements de front exécutés par des colonnes de pelotons à distances entières, pour se reformer sans déploiement ; moyen qui est plus expéditif que les autres manières de changer de front, et qui s'adapte mieux à toutes les espèces de terrain.

De toutes les manières de se mouvoir en avant.

la marche par les flancs de pelotons serait la plus aisée si elle n'offrait pas quelque danger; en plaine elle va à merveille, dans un terrain coupé c'est la plus commode. Elle a l'inconvénient de fractionner beaucoup la ligne, mais en y habituant les chefs et les soldats, en dressant bien les guides de pelotons et les drapeaux directeurs, on pourrait éviter toute confusion. La seule objection qu'on pût lui faire, serait la crainte d'exposer des pelotons morcelés aux dangers d'un hourra de cavalerie. Je ne nie pas le danger, mais on peut l'éviter, soit en se faisant bien éclairer par la cavalerie, soit en n'employant point cet ordre trop près de l'ennemi, mais seulement pour franchir la première partie d'un grand espace qui séparerait les deux armées. Au moindre signe de l'approche de l'ennemi, la ligne serait reformée en une seconde, puisqu'il ne faut que le temps nécessaire à un peloton pour se mettre par files en ligne au pas de course. Toutefois, quelques précautions que l'on prenne, il faut avouer néanmoins que cette manœuvre ne saurait être employée qu'avec des troupes très disciplinées et bien exercées, mais jamais avec des milices ou de jeunes soldats. Je ne l'ai jamais vu faire devant l'ennemi, mais seulement dans des manœuvres, et, pour les changements de front surtout, cela était employé avec succès : on pourrait toujours en essayer dans les grandes manœuvres d'été.

J'ai vu aussi essayer des marches en lignes de bataillons déployés en échiquier; ces marches allaient fort bien, tandis que celles en lignes pleines ou contiguës allaient toujours horriblement mal; les Français surtout n'ont jamais bien su marcher en lignes déployées. On trouvera peut-être que ces marches en échiquier seraient aussi dangereuses en cas d'une charge inopinée de cavalerie; on pourrait cependant les employer pour le premier moment de la marche, afin de la rendre plus aisée, alors les seconds échiquiers entreraient en ligne avec les premiers avant d'assaillir l'ennemi. D'ailleurs, en mettant peu de distance entre les échiquiers, il serait toujours facile de former la ligne à l'instant d'une charge, car il ne faut pas oublier que les échiquiers ne constituent pas deux lignes, mais une seule que l'on aurait fractionnée pour éviter le flottement et le désordre d'une marche en ligne contiguë.

La meilleure formation pour aborder sérieusement l'ennemi n'est pas moins difficile à préciser; de tous les essais que j'ai vu faire, celui qui m'a paru le mieux réussir était la marche de 24 bataillons, sur deux lignes de colonnes de bataillons, formés sur le centre pour déployer : la première ligne allait au pas de charge sur la ligne ennemie, et arrivée à deux portées de mousqueterie elle déployait à la course ; la compagnie de voltigeurs de chaque bataillon se répandait en tirailleurs, les autres se formaient, puis commençaient un feu de file nourri : la seconde ligne de colonnes suivait la première, et les bataillons qui la composaient se lançaient au pas de charge par les intervalles des compagnies qui tiraillaient. Cela se faisait à la vérité sans ennemi, et il semblait que rien ne dût résister à ce double effet du feu et de la colonne.

Outre ces lignes de colonnes, il y a encore trois autres moyens d'aller à l'attaque en ordre demi-profond.

Le 1er est celui des lignes mélangées de bataillons déployés et de bataillons en colonnes sur les ailes de ceux déployés, dont nous avons parlé à la page 227. Les bataillons déployés et les premières divisions de ceux en colonne feraient feu à demi-distance de mousquet, et se jetteraient ensuite sur l'ennemi.

Le 2e est de s'avancer avec la ligne déployée, et en faisant feu, jusqu'à la demi-distance de mousqueterie, puis en lançant des colonnes de la seconde ligne à travers les intervalles de la première.

Le 3e est l'ordre échelonné mentionné à la page 31, et à la figure 11 de la planche 2.

Enfin le dernier moyen est de s'avancer entièrement en ordre déployé, par le seul ascendant du feu, jusqu'à ce que l'un des deux partis tourne le dos, ce qui paraît presque impraticable.

Je ne saurais affirmer lequel de ces modes serait le plus convenable, car en campagne je n'ai rien vu de pareil. En effet, à la guerre je n'ai jamais vu autre chose, dans les combats d'infanterie, que des bataillons déployés à l'avance, qui commençaient par des feux de pelotons, puis engageaient peu à peu un feu de file; ou bien des colonnes marchant fièrement à l'ennemi, lequel s'en allait sans attendre le choc, ou qui repoussait ses colonnes avant l'abordage réel, soit par sa ferme contenance, soit par son feu, soit enfin en prenant l'offensive lui-même pour aller à leur rencontre (*). Ce n'est guère que dans les villages, dans les défilés, que j'ai vu des mêlées réelles d'infanterie en colonnes, dont les têtes se choquaient à la bayonnette; en

(*) J'ai bien vu aussi de grands combats où la moitié de l'infanterie était engagée par pelotons de tirailleurs; mais cela rentre dans la catégorie des bataillons engagés dans un feu de file irrégulier.

position de bataille, je n'ai jamais rien vu de semblable.

Quoi qu'il en soit de toutes ces controverses, on ne saurait trop le redire; il paraît absurde de rejeter les feux de mousqueterie, comme de renoncer aux colonnes demi-profondes, et ce serait perdre une armée que de vouloir lui imposer un système absolu de tactique pour toutes les contrées, et contre toutes les nations indistinctement. C'est moins le mode de formation que l'emploi bien combiné des différentes armes, qui donnera la victoire : j'en excepte néanmoins les colonnes trop profondes que l'on doit proscrire de toutes les théories.

Nous terminerons cette dissertation en rappelant, qu'un des points les plus essentiels pour conduire l'infanterie au combat, c'est de mettre ses troupes à l'abri du feu d'artillerie de l'ennemi autant que faire se peut, non en les retirant mal à propos, mais en profitant des plis de terrain ou d'autres accidents qui se trouvent devant elles, afin de les défiler des batteries. Quand on est venu sous le feu de mousqueterie, alors il n'y a pas à calculer sur des abris; si l'on est en mesure d'assaillir, il faut le faire; les abris ne peuvent convenir dans ce cas qu'aux tirailleurs et aux troupes défensives.

Il importe assez généralement de défendre les villages qui sont sur le front, ou de chercher à les enlever si l'on est assaillant ; mais il ne faut pas non plus y attacher une importance déplacée, en oubliant la fameuse bataille de Hochstedt : Marlborough et Eugène, voyant le gros de l'infanterie française enterré dans les villages, forcèrent le centre et prirent 24 bataillons sacrifiés pour garder ces postes.

Par la même raison, il est utile d'occuper les bouquets de bois ou taillis qui peuvent donner un appui à celui des deux partis qui en est le maître. Ils abritent les troupes, permettent de cacher les mouvements, protègent ceux de la cavalerie, et empêchent celle de l'ennemi d'agir à leur proximité.

Le sceptique Clausewitz n'a pas craint de soutenir la maxime contraire, et sous le singulier prétexte que celui qui occupe un bois agit en aveugle et ne découvre rien de ce que fait l'ennemi, il présente leur défense comme une faute de tactique. Aveuglé probablement lui-même par les résultats de la bataille de Hohenlinden, l'auteur trop prôné confond ici l'occupation d'un bois dans la ligne de bataille, avec la faute de jeter une armée entière dans de vastes forêts sans être maître des issues tant sur le front que sur les flancs; mais il faut n'avoir jamais vu un combat pour nier l'importance incontestable de la possession d'un bois situé à proximité d'une ligne que l'on veut défendre ou attaquer. Le rôle que joua le parc de Hougomont à la bataille de Waterloo est un grand exemple de l'influence qu'un poste bien choisi et bien défendu peut avoir dans un combat; en avançant son paradoxe, M. Clausewitz avait oublié l'importance qu'eurent les bois dans les batailles de Hochkirch et de Kollin. Mais nous nous sommes déjà trop étendu sur ce chapitre de l'infanterie, il est temps de parler des autres armes.

ARTICLE XLV.

De la cavalerie.

La formation de la cavalerie, soumise à peu près aux mêmes controverses que celle de l'infanterie, a été soumise aussi à la même incertitude, et le Traité par trop vanté du comte de Bismark ne lui a pas fait faire de grands pas. Comme l'on n'a guère été mieux fixé sur son emploi, je me permettrai de soumettre ce que j'en pense à la décision des généraux habitués à la conduire.

L'emploi qu'un général doit faire de la cavalerie dépend naturellement un peu de sa force relative avec celle de l'ennemi, soit en nombre, soit en qualité. Néanmoins, quelque modification que ces variations apportent, une cavalerie inférieure, mais bien conduite, peut toujours trouver l'occasion de faire de grandes choses, tant l'à-propos est décisif dans l'emploi de cette arme.

La proportion numérique de la cavalerie avec l'infanterie a beaucoup varié; elle dépend de la disposition naturelle des nations, dont les habitants sont plus ou moins propres à faire de bons cavaliers : l'abondance et la qualité des chevaux exercent aussi certaine influence. Dans les guerres de la révolution, la cavalerie française, quoique désorganisée, et bien inférieure à celle des Autrichiens, servit à merveille. J'ai vu en 1796, à l'armée du Rhin, ce que l'on nommait pompeusement la *réserve de cavalerie*, et qui formait à peine une faible brigade (1500 chevaux). Dix ans après, j'ai vu ces mêmes réserves fortes de 15 à 20 mille chevaux, tant les idées et les moyens avaient changé.

En thèse générale, on peut admettre que l'armée en campagne doit avoir un sixième de sa force en troupes à cheval : dans les pays de montagnes il suffit d'un dixième.

Le mérite principal de la cavalerie gît dans sa rapidité et sa mobilité; on pourrait même ajouter dans son impétuosité, si l'on ne devait pas craindre de voir faire une fausse application de cette dernière qualité.

Quelque importante qu'elle soit dans l'ensemble des opérations d'une guerre, la cavalerie ne saurait défendre une position par elle-même sans secours d'infanterie. Son but principal est de préparer ou d'achever la victoire, de la rendre complète en enlevant des prisonniers et des trophées, de poursuivre l'ennemi, de porter rapidement du secours sur un point menacé, d'enfoncer l'infanterie ébranlée, enfin de couvrir les retraites de l'infanterie et de l'artillerie. Voilà pourquoi une armée, manquant de cavalerie, obtient rarement de grands succès, et pourquoi ses retraites sont si difficiles.

Le moment et le mode les plus convenables pour faire donner la cavalerie, tiennent au coup d'œil du chef, au plan de la bataille, à ce que fait l'ennemi, et à mille combinaisons trop longues à énumérer ici; nous n'en indiquerons donc que les principaux traits.

Il est reconnu qu'une attaque générale de cavalerie, contre une ligne en bon ordre, ne saurait être tentée avec succès sans être soutenue par de l'infanterie et beaucoup d'artillerie, du moins à certaine distance. On a vu à Waterloo tout ce qu'il en coûta à la cavalerie française pour avoir agi contre cette règle, et la cavalerie de Frédéric éprouva le même sort à Kunersdorf. On peut se trouver appelé néanmoins à faire donner la cavalerie seule; mais en général, une charge sur une ligne d'infanterie qui se trouverait déjà aux prises avec l'infanterie adverse, est celle dont on peut attendre le plus d'avantages; les batailles de Marengo, d'Eylau, de Borodino et dix autres, l'ont prouvé.

Cependant il est un cas où la cavalerie a une supériorité décidée sur l'infanterie; c'est quand il tombe une pluie ou neige battante qui mouille les armes et prive l'infanterie de son feu; le corps d'Augereau en fit une cruelle épreuve à Eylau, et la gauche des Autrichiens eut le même sort à Dresde.

On exécute aussi de grandes charges avec succès contre de l'infanterie qu'on aurait déjà réussi à ébranler par un feu redoutable d'artillerie, ou de toute autre manière. Une des charges de ce genre les plus remarquables fut celle de la cavalerie prussienne à Hohenfriedberg en 1745 (voyez le Traité des opérations). Mais toute charge contre des carrés de bonne infanterie non entamée, ne saurait réussir.

On fait de grandes charges pour enlever les batteries de l'ennemi et faciliter aux masses d'infanterie les moyens de couronner sa position, alors il faut que l'infanterie soit bien en mesure de soutenir sans délai, car une charge de cette nature n'a qu'un effet instantané, dont il faut vivement profiter avant que l'ennemi ne ramène votre cavalerie désunie. La belle charge des Français sur Gosa à la bataille de Leipzig, le 16 octobre, est un grand exemple en ce genre. Celles qu'ils exécutèrent à

Waterloo dans le même but furent admirables, mais sans résultats faute de soutien. De même la charge audacieuse de la faible cavalerie de Ney sur l'artillerie du prince de Hohenlohe à la bataille de Jéna, est un exemple de ce qu'on peut faire en pareil cas.

Enfin on fait des charges générales contre la cavalerie ennemie, pour la chasser du champ de bataille et revenir ensuite contre ses bataillons avec plus de liberté.

La cavalerie pourrait être lancée avee succès pour prendre la ligne ennemie en flancs cu à revers, au moment d'une attaque sérieuse que l'infanterie exécuterait de front. Si elle est repoussée, elle peut revenir au galop se rallier à l'armée; si elle réussit, elle peut causer la ruine de l'armée ennemie. Il est rare qu'on lui donne cette destination, et je ne vois pas néanmoins ce qui pourrait y mettre obstacle, car une cavalerie bien couduite ne saurait être coupée, lors même qu'elle se trouverait derrière l'ennemi. Du reste, c'est le rôle qui appartient surtout à la cavalerie irrégulière.

Dans la défensive, la cavalerie peut également obtenir d'immenses résultats, en donnant à propos contre une troupe ennemie qui, ayant abordé la ligne, serait prête à y pénétrer, ou qui l'aurait déjà percée : elle peut dans ce cas rétablir les affaires, et causer la destruction d'un adversaire ébranlé et désuni par ses premiers succès mêmes; une belle charge des Russes le prouva à Eylau et la cavalerie anglaise à Waterloo. Enfin, la cavalerie particulière des corps d'armée fait des charges d'à-propos, soit pour favoriser une attaque, soit pour profiter d'un faux mouvement de l'ennemi, soit pour achever sa défaite dans un mouvement rétrograde.

Il n'est pas aussi facile de déterminer le meilleur mode d'attaque, il dépend du but qu'on se propose et des autres circonstances qui influent aussi sur le moment à choisir. Il n'y a que quatre manières de charger, savoir : en colonnes à distance, lignes au trot (*), en lignes au galop, enfin, à la débandade : toutes peuvent être employées avec succès. Dans la charge en muraille ou en ligne,

---

(*) Lorsque je parle ici de charges en lignes, il n'y a aucune contradiction avec ce que j'ai avancé ailleurs; on comprend qu'il ne s'agit pas ici de grandes lignes déployées, mais de brigades ou de divisions tout au plus. Un corps de plusieurs divisions se formera sur le terrain en plusieurs colonnes échelonnées, dont la tête sera pour chacune de deux ou trois régiments, qui seront déployés pour la charge.

la lance offre des avantages incontestables; dans les mêlées, le sabre vaut peut-être mieux : de là est venue l'idée de donner la lance au premier rang qui doit enfoncer, et le sabre au second qui doit achever par des luttes partielles. Le tiraillement avec le pistolet ne convient guère qu'aux avant-postes, dans une charge en fourrageurs, ou lorsque de la cavalerie légère veut harceler de l'infanterie et la dégarnir de son feu, afin de favoriser une charge plus sérieuse. Pour le feu de carabine, on ne sait vraiment à quoi il peut être bon, puisqu'il exige d'arrêter toute la troupe, pour tirer de pied ferme, ce qui l'exposera à une défaite certaine, si elle est abordée franchement. Il n'y a que des tirailleurs qui puissent faire un feu de mousquet en courant.

Nous venons de dire que toutes les manières de charger pouvaient être également bonnes. Cependant il faut bien se garder de croire que l'impétuosité soit toujours décisive dans un choc de cavalerie contre cavalerie : le grand trot au contraire me paraît la meilleure allure pour les charges en ligne, parce qu'ici tout dépend de l'ensemble de l'à-plomb et de l'ordre, conditions que l'on ne retrouve pas dans les charges au grand galop. Celles-ci conviennent surtout contre l'artillerie, parce qu'il importe plus d'arriver vite que d'arriver en ordre. De même, avec une cavalerie armée de sabres on peut se lancer au galop à 200 pas contre une ligne ennemie qui vous attendrait de pied ferme. Mais si l'on a une cavalerie armée de lances, le grand trot est la véritable allure, car l'avantage de cette arme dépend surtout de la conservation de l'ordre : dès qu'il y a mêlée, la lance perd toute sa valeur.

Lorsque l'ennemi vient à vous au grand trot, il ne semble pas prudent de courir sur lui au galop, car vous arriverez tout désuni contre une masse compacte et serrée, qui traversera vos escadrons décousus. Il n'y aurait que l'effet moral produit par l'audace apparente de votre charge qui pourrait vous être favorable ; mais si l'ennemi l'apprécie à sa juste valeur, vous serez perdu, car dans l'ordre physique et naturel, le succès doit être pour la masse compacte contre des cavaliers galopant sans ensemble.

Dans les charges contre l'infanterie, les Mamelucks et les Turcs ont assez prouvé l'impuissance de l'impétuosité ; là où les lanciers ou cuirassiers au trot ne pénètreront pas, aucune cavalerie ne percera. Ce n'est que contre l'infanterie fortement ébranlée, ou dont le feu manquerait d'aliment, que la charge impétueuse peut avoir quelque avantage sur le trot (*). Pour enfoncer de bons carrés il faut du canon et des lanciers, mieux encore des cuirassiers armés de lances. Pour les charges en fourrageurs ou à la débandade, si fréquentes dans les rencontres journalières, il faut imiter les Turcs ou les Cosaques; ce sont les meilleurs exemples qu'on puisse prendre : nous reviendrons sur ce sujet.

Quelque système que l'on emploie pour aller à un choc, une vérité reconnue pour toutes les charges possibles, c'est qu'un des meilleurs moyens de réussir est de savoir lancer à propos quelques escadrons sur les flancs d'une ligne ennemie que l'on va assaillir de front. Mais pour que cette ma-

---

(*) M. Wagner m'oppose l'opinion de cavaliers expérimentés qui préfèrent le galop en carrière, commencé à 200 pas. Je sais que beaucoup de cavaliers le pensent ainsi, mais je sais aussi que les généraux les plus distingués de cette arme penchent pour les charges au trot. Lasalle, un des plus habiles de ces généraux, disait un jour en voyant la cavalerie ennemie accourir au galop : « Voilà des gens perdus ! » et ces escadrons furent en effet culbutés au petit trot. Au demeurant, la bravoure personnelle influe plus sur les chocs et les mêlées que les différentes allures; le galop en carrière n'a contre lui que d'amener la dispersion et de changer le choc en mêlée, ce que l'on peut éviter avec les charges au trot. En échange, le fameux coup de poitrail, seul avantage du galop, n'est qu'un fantôme dont on effraie les cavaliers sans expérience de la guerre.

nœuvre obtienne un plein succès, dans les charges de cavalerie contre cavalerie surtout, il faut qu'elle ne s'exécute qu'à l'instant où les lignes en viennent aux prises, car une minute trop tôt ou trop tard, l'effet en serait probablement nul : aussi est-ce dans ce coup d'œil précis et rapide que consiste le plus grand mérite d'un officier de cavalerie.

L'armement et l'organisation de la cavalerie ont été l'objet de bien des controverses, qu'il serait facile de réduire à quelques vérités. La lance est, comme on vient de le dire, la meilleure arme offensive pour une troupe de cavaliers qui chargent en ligne, car elle atteint un ennemi qui ne saurait les approcher; mais il peut être bon d'avoir un second rang ou une réserve armée de sabres, plus faciles à manier lorsqu'il y a mêlée et que les rangs cessent d'être unis. Peut-être même vaudrait-il mieux encore faire soutenir une charge de lanciers par un échelon de hussards qui, pénétrant après eux dans la ligne ennemie, achèveraient mieux la victoire.

La cuirasse est l'arme défensive par excellence. La lance et une cuirasse de fort cuir doublé ou de buffle, me semblent le meilleur armement de la cavalerie légère; le sabre et la cuirasse en fer celui de la grosse cavalerie. Quelques militaires expérimentés penchent même à armer les cuirassiers de lances, persuadés qu'une telle cavalerie, assez semblable aux anciens hommes d'armes, renverserait tout devant elle. Il est certain qu'une lance leur conviendrait mieux que le mousqueton, et je ne vois pas ce qui empêcherait de leur en donner de pareilles à celles de la cavalerie légère.

Quant à la troupe amphibie des dragons, les avis seront éternellement partagés; il est constant qu'il serait utile d'avoir quelques bataillons d'infanterie à cheval, qui pussent devancer l'ennemi à un défilé, le défendre en retraite, ou fouiller un bois : mais faire de la cavalerie avec des fantassins, ou un soldat qui soit également propre aux deux armes, paraît chose difficile : le sort des dragons à pied français semblerait l'avoir suffisamment prouvé, si d'un autre côté la cavalerie turque ne combattait pas avec le même succès à pied comme à cheval. On a dit que le plus grand inconvénient des dragons provenait de ce qu'on était obligé de leur prêcher le matin, qu'un carré ne saurait résister à leurs charges, et de leur enseigner le soir, qu'un fantassin armé de son fusil devait culbuter tous les cavaliers possibles : cet argument est plus spécieux que vrai, car au lieu de leur prêcher des maximes si contradictoires, il serait plus naturel de leur dire que si de braves cavaliers peuvent enfoncer un carré, de braves fantassins peuvent aussi repousser cette charge; que la victoire ne dépend pas toujours de la supériorité de l'arme, mais bien de mille circonstances; que le courage des troupes, la présence d'esprit des chefs, une manœuvre faite à propos, l'effet de l'artillerie et du feu de mousqueterie, la pluie, la boue même, ont contribué à des échecs ou à des succès; mais qu'en thèse générale, un brave à pied ou à cheval, doit battre un poltron. En inculquant ces vérité. à des dragons, ils pourront se croire supérieurs à leurs adversaires, soit qu'on les emploie comme fantassins, soit qu'ils chargent comme cavaliers. C'est ainsi qu'en agissent les Turcs et les Circassiens, dont la cavalerie met souvent pied à terre pour se battre dans les bois ou derrière un abri, le fusil à la main. Cependant, on ne saurait le dissimuler, il faut de bons chefs et de bons soldats pour pousser l'éducation d'une troupe à ce degré de perfection.

C'est sans doute la conviction de ce que peuvent faire de braves soldats aussi bien à pied qu'à cheval, qui a déterminé l'empereur Nicolas à réunir la masse énorme de 14 à 15 mille dragons en un seul corps d'armée, sans tenir compte de la malheureuse expérience faite par Napoléon sur les dragons français, et sans se laisser arrêter par la crainte de manquer souvent de régiments de cette arme-la où ils seraient le plus utiles. Du reste, c'est probablement pour donner plus d'uniformité à leur double instruction de fantassins et de cavaliers, qu'une pareille réunion a été ordonnée, et tout porte à croire qu'en guerre on les répartirait du moins par divisions aux différentes ailes de l'armée. Toutefois on ne saurait nier qu'il est aussi bien des circonstances, surtout dans les batailles rangées, où dix mille hommes transportés vivement à cheval sur un point décisif et y combattant à pied, pourraient faire pencher la balance en leur faveur. Ainsi, les deux systèmes de concentration et de division ont également leur bon et leur mauvais côté. Pour adopter un terme moyen, on pourrait attacher un fort régiment à chaque aile, et à l'avant-garde (ou arrière-garde en retraite); puis réunir le surplus de cette arme en divisions ou même en corps de cavalerie (*). Mais il est temps

---

(*) Ce que je dis là est pour disserter sur ce qui existe; comme cavalerie, je persiste à croire que les lanciers valent mieux que des dragons.

de quitter ce sujet pour en venir à celui des formations.

Tout ce qu'on a dit pour la formation de l'infanterie peut s'appliquer à la cavalerie, sauf les modifications suivantes :

1° Les lignes déployées en échiquier ou en échelon, sont beaucoup plus convenables à la cavalerie que des lignes pleines; tandis que dans l'infanterie, l'ordre déployé en échiquier paraît trop morcelé, et dangereux si la cavalerie venait à pénétrer et à prendre les bataillons en flanc; l'échiquier n'est sûr que pour des mouvements préparatoires avant de heurter l'ennemi, ou bien pour des lignes en colonnes d'attaque pouvant se défendre par elles-mêmes en tout sens contre la cavalerie. Soit qu'on forme l'échiquier, soit qu'on préfère des lignes pleines, la distance des lignes entre elles doit être assez grande pour qu'elles ne s'entraînent pas réciproquement en cas d'échec, vu la rapidité avec laquelle on est ramené si la charge est malheureuse. Seulement il est bon d'observer que, dans l'échiquier, la distance peut être moindre que dans la ligne pleine. Dans aucun cas, la seconde ligne ne saurait être pleine. On doit la former en colonnes par divisions, ou du moins y laisser des ouvertures de deux escadrons, qu'on peut ployer en colonnes sur le flanc de chaque régiment, pour faciliter l'écoulement des troupes ramenées.

2° Dans l'ordre en colonnes d'attaque sur le centre, la cavalerie doit être par régiments, et l'infanterie seulement par bataillons. Pour bien se prêter à cet ordre, il faut alors des régiments de six escadrons, afin qu'en se ployant sur le centre par divisions, ils puissent en former trois. S'ils n'avaient que quatre escadrons, ils ne formeraient alors que deux lignes.

3° La colonne d'attaque de cavalerie ne doit jamais être serrée comme celle de l'infanterie, mais à distance ou demi-distance d'escadron, afin d'avoir du champ pour déboiter et charger. Cette distance ne s'entend au reste que pour les troupes lancées au combat; lorsqu'elles sont au repos derrière la ligne, on peut les serrer pour couvrir moins de terrain et diminuer l'espace qu'elles auraient à parcourir pour s'engager, bien entendu néanmoins que ces masses seront à l'abri ou hors de portée du canon.

4° L'attaque de flanc étant plus à redouter dans la cavalerie que dans un combat d'infanterie contre infanterie, il est nécessaire d'établir, sur les extrémités d'une ligne de cavalerie, quelques escadrons échelonnés par pelotons, pour qu'ils puissent se former par un à droite ou un à gauche contre l'ennemi qui viendrait inquiéter le flanc.

5° Par le même motif, il est essentiel, comme on l'a déjà dit, de savoir lancer à propos quelques escadrons sur les flancs d'une ligne de cavalerie que l'on est près d'aborder; si l'on a de la cavalerie irrégulière avec soi, c'est surtout à cela que l'on doit l'utiliser dans le combat, car pour cet usage elle vaut autant et peut-être mieux que la régulière.

6° Une observation importante aussi, c'est que dans la cavalerie surtout, il est bon que le commandement du chef s'étende en profondeur plutôt qu'en longueur. Par exemple, dans une division de deux brigades qui déploierait, il ne serait pas bon que chaque brigade formât une seule ligne derrière l'autre, mais bien que chaque brigade eût un régiment en première ligne et un en seconde : ainsi chaque unité de la ligne aura sa propre réserve derrière elle, avantage qu'on ne saurait méconnaître, car les événements vont si vite dans les charges, qu'il est impossible à un officier général d'être maître de deux régiments déployés.

Il est vrai qu'en adoptant ce mode, chaque général de brigade aura la faculté de disposer de sa réserve, et qu'il serait bon néanmoins d'en avoir une pour toute la division ; c'est ce qui fait penser que le nombre de cinq régiments par division convient fort bien à la cavalerie. Si elle veut donner en ligne par brigades de deux régiments, le cinquième sert de réserve générale derrière le centre. Si l'on veut, on peut aussi avoir trois régiments en ligne, et deux en colonne derrière chaque aile.

Préfère-t-on, au contraire, prendre un ordre mixte en ne déployant que deux régiments à la fois et gardant le reste en colonnes ? Dans ce cas, on a aussi un ordre convenable, puisque trois régiments, formés par divisions derrière la ligne des deux premiers, en couvrent les flancs et le centre, tout en laissant des intervalles pour écouler la première ligne si elle est battue. (Voyez la figure 10 de la planche 4.)

7° Deux maximes essentielles sont généralement admises pour les combats de cavalerie contre cavalerie : l'une est que toute première ligne doit être tôt ou tard ramenée ; car, dans la supposition même où elle aurait fourni la charge la plus heureuse, il est probable que l'ennemi, en lui opposant des escadrons frais, la forcera à venir se rallier derrière la seconde ligne. L'autre maxime est qu'à mérite égal des troupes et des chefs, la victoire restera à celui qui aura les derniers escadrons en réserve, et qui saura les lancer à propos sur les flancs de la ligne ennemie, déjà aux prises avec la sienne.

C'est sur ces deux vérités qu'on pourra se former une juste idée du système de formation le plus convenable pour conduire un gros corps de cavalerie au combat.

Quel que soit l'ordre qu'on adopte, il faut se garder de déployer de grands corps de cavalerie en lignes pleines; car ce sont des cohues difficiles à manier, et si la première ligne est ramenée, la seconde sera entraînée sans pouvoir tirer le sabre. Au nombre des mille preuves que la dernière guerre en a données, nous citerons l'attaque exécutée par Nansouty en colonnes par régiments, sur la cavalerie prussienne déployée en avant de Château-Thierry.

Dans la première édition de ce traité, je me suis élevé contre la formation de la cavalerie sur plus de deux lignes; mais je n'ai jamais entendu exclure plusieurs lignes en échiquier ou échelonnées, ni des réserves formées en colonnes; je ne voulais parler que de la cavalerie déployée pour charger en muraille, et dont les lignes, inutilement entassées l'une derrière l'autre, seraient entraînées dès que la première viendrait à tourner le dos (*).

Au demeurant, en cavalerie plus qu'en infanterie encore, l'ascendant moral fait beaucoup; le coup-d'œil et le sang-froid du chef, l'intelligence et la bravoure du soldat, soit dans la mêlée, soit pour le ralliement, procureront la victoire plus souvent que telle ou telle autre formation. Cependant, quand on peut réunir ces deux avantages, on n'en est que plus sûr de vaincre, et rien ne peut légitimer l'adoption d'un mode reconnu vicieux.

L'histoire des dernières guerres (1812 à 1815) a renouvelé aussi d'anciennes controverses pour décider, si la cavalerie combattant en ligne peut

---

(*) M. Wagner, pour combattre cette assertion, cite la bataille de Ramillies, où Malborough vainquit par une grande charge de cavalerie en lignes sans intervalles, contre les Français en échiquier. Mais si ma mémoire est fidèle, je crois que la cavalerie alliée était d'abord formée en échiquier sur deux lignes : la vraie cause de ce succès fut que Malborough, voyant que Villeroi avait paralysé la moitié de son armée derrière Anderkirch et la Gette, eut le bon esprit de tirer 38 escadrons de cette aile pour renforcer sa gauche qui eut ainsi deux fois plus de cavalerie que les Français, et les déborda. Au reste, j'admets volontiers maintes exceptions à une maxime que je ne donne pas plus pour absolue que toutes les autres maximes de tactique de cavalerie; tactique aussi mobile que cette arme.

triompher à la longue d'une cavalerie irrégulière qui, évitant tout engagement sérieux, fuit avec la vélocité du Parthe et revient au combat avec la même vivacité, se bornant à harceler l'ennemi par des attaques individuelles. Lloyd s'est prononcé pour la négative, et plusieurs exploits des Cosaques contre l'excellente cavalerie française, semblent confirmer son jugement (*); mais il ne faut pas s'y tromper, et croire qu'il serait possible d'exécuter les mêmes choses avec des régiments de cavalerie légère disciplinée, qu'on lancerait en fourrageurs contre des escadrons bien unis. C'est la grande habitude de se mouvoir en désordre qui fait que les troupes irrégulières savent diriger tous les efforts individuels vers un but commun : les hussards les mieux exercés n'approcheront jamais de cet instinct naturel du Cosaque, du Tscherkès ou du Turc.

Si l'expérience a prouvé que des charges irrégulières peuvent amener la défaite de la meilleure cavalerie dans les combats partiels, il faut bien reconnaître aussi l'impossibilité de compter sur des

(*) Quand je parle de l'excellente cavalerie française, j'entends parler de sa bravoure impétueuse et non de sa perfection ; car elle n'approche de la cavalerie russe ou allemande, ni pour l'équitation ni pour l'organisation, ni pour le soin des chevaux.

charges à la débandade dans les batailles rangées d'où dépend souvent le sort de toute une guerre. Une telle charge pourrait sans doute aider une attaque en ligne, mais seule elle ne produirait rien d'important. On doit donc considérer ces charges irrégulières comme un puissant auxiliaire dans les rencontres journalières de la cavalerie, et comme un accessoire utile dans les chocs décisifs.

De tout ce qui précède on doit conclure à mon avis que, pour les batailles, une cavalerie régulière munie d'armes de longueur, et pour la petite guerre une cavalerie irrégulière, armée d'excellents pistolets, de lances et de sabres, sera toujours la meilleure organisation pour cette branche importante d'une armée bien constituée.

Au demeurant, quelque système que l'on adopte, il n'en paraît pas moins incontestable qu'une nombreuse cavalerie, quelle qu'en soit la nature, doit avoir une grande influence sur les résultats d'une guerre; elle peut porter au loin la terreur chez l'ennemi, elle enlève ses convois, bloque pour ainsi dire l'armée dans ses positions, rend ses communications difficiles, si ce n'est même impossibles, trouble toute harmonie dans ses entreprises et dans ses mouvements. En un mot elle procure presque les mêmes avantages qu'une levée en masse des populations, en portant le trouble sur les flancs et les derrières d'une armée ennemie, et en réduisant son général à l'impossibilité de rien calculer avec certitude.

Toute organisation qui tendrait donc à doubler les cadres de la cavalerie en cas de guerre, en y incorporant des milices, serait un bon système, car ces milices, aidées de quelques bons escadrons, pourront au bout de quelques mois de campagne faire de bons partisans. Sans doute ces milices n'auront pas toutes les qualités que possèdent les populations guerrières et nomades qui passent pour ainsi dire leur vie à cheval, et dont le premier des instincts est celui de la petite guerre, mais elles y suppléeraient en partie. Sous ce rapport la Russie a un grand avantage sur tous ses voisins, tant par la quantité et la qualité de ses chevaux du Don, que par la nature des milices irrégulières qu'elle peut lever au moindre signal.

Voici ce que j'écrivais il y a vingt ans dans le chap. 35 du Traité des grandes opérations militaires, sur ce même sujet :

« Les avantages immenses que les Cosaques ont « donnés aux armées russes sont incalculables. « Ces troupes légères, insignifiantes dans le choc « d'une grande bataille (si ce n'est pour tomber

« sur les flancs), sont terribles dans la poursuite et « la guerre de postes : c'est l'ennemi le plus redou- « table pour toutes les combinaisons d'un général, « parce qu'il n'est jamais sûr de l'arrivée et de « l'exécution de ses ordres, que ses convois sont « toujours compromis, et ses opérations incertai- « nes. Tant qu'une armée n'en avait que quelques « régiments à demi-réguliers, on n'en connaissait « pas toute l'utilité ; mais lorsque le nombre en a « été porté à 15 ou 20 mille, on a senti toute leur « importance, surtout dans les pays où la popula- « tion ne leur est pas hostile.

« Pour un convoi qu'ils enlèvent, il faut les faire « escorter tous, et il importe que l'escorte soit « nombreuse et bien conduite ; jamais on n'est cer- « tain de faire une marche tranquille, parce qu'on « ne sait pas où sont les ennemis. Ces corvées exi- « gent des forces considérables et la cavalerie ré- « gulière est bientôt mise hors de service par des « fatigues auxquelles elle ne peut résister.

« Au reste, je crois que des hussards ou lan- « ciers volontaires, levés ou organisés au moment « de la guerre, bien conduits, et courant là où « des chefs hardis les conduisent à leur gré, rem- « pliraient à peu près la même destination, mais « il faut les regarder comme des enfants perdus,

« car, s'ils devaient recevoir des ordres du quar- « tier général, ils ne seraient plus des partisans. « Ils n'auraient peut-être pas toutes les qualités « de bons cosaques, mais ils pourraient en appro- « cher. »

L'Autriche a aussi dans les Hongrois, les Transylvaniens et les Croates, des ressources que d'autres états n'ont pas : toutefois les services rendus par les landwehr à cheval prouvent que l'on peut tirer aussi un bon parti de cette espèce de cavalerie, ne fût-ce que pour relever la cavalerie régulière dans les services accessoires qui abondent dans toutes les armées, comme escortes, ordonnances, détachements pour conduire les convois, flanqueurs, etc. Des corps mêlés de cavalerie régulière et irrégulière peuvent rendre souvent plus de services réels que s'ils étaient uniquement composés de cavalerie de ligne, parce que la crainte de compromettre et de ruiner cette dernière, empêche souvent de la lancer dans des mouvemens audacieux, mais qui pourraient produire d'immenses résultats.

Je ne saurais terminer cet article sans relever les attaques par trop passionnées dont il a été l'objet de la part de M. le général Bismark, et que j'ai connues malheureusement trop tard pour y répondre comme je le devais. Le passage qui semble avoir surtout excité son courroux, est celui où j'ai avancé, après bien d'autres, que la cavalerie ne saurait défendre une position par elle-même. M. le général, qui prétend sans doute que la cavalerie peut faire la guerre à elle seule, et qu'elle garderait une position tout comme l'infanterie, pense justifier de pareils sophismes en allant chercher des exemples jusque dans la guerre d'Annibal sur le Tesin; comme si la mousqueterie, les obus, et la mitraille n'avaient apporté aucun changement dans l'emploi de cette arme !!! Fier de son érudition équestre, il traite d'ignorant tout ce qui ne pense pas comme lui. Sans être un Seydlitz ou un Laguérinière, on peut très bien raisonner sur l'emploi de la cavalerie à la guerre; et quoique je n'aie aucune prétention à être un cavalier, je puis dire que les plus expérimentés des généraux de nos jours ont partagé mes idées sur la cavalerie, et que dans maintes batailles j'ai souvent mieux jugé de l'opportunité de son emploi que ceux-là qui en commandaient de grosses masses.

La seule de mes maximes qui a excité quelques controverses, est celle relative à l'allure du trot pour les charges contre cavalerie. Quoi qu'on en ait dit, je crois encore à l'heure où j'écris, que le succès dépend beaucoup du maintien de l'ordre jusqu'au moment du choc, et que, pour les lanciers surtout, le choc d'une *masse bien en ordre* et au trot triompherait d'une troupe éparpillée par le galop en pleine carrière.

Au demeurant, maintenir l'ordre autant que possible dans le choc; s'appliquer à le faire seconder au moment opportun par une attaque de flanc; savoir donner l'impulsion morale à sa troupe, et avoir un échelon prêt pour soutenir à propos, voilà les seuls éléments de succès que j'aie jamais reconnus pour praticables dans des charges de cavalerie contre cavalerie; car toutes les belles maximes du monde viennent expirer dans une lutte rapide comme l'éclair, où les plus habiles professeurs n'auraient que le temps de parer les coups de sabre, sans même se trouver en état de donner un ordre qui pût être entendu et exécuté.

Quant au bon emploi de la cavalerie dans l'ensemble d'une bataille comme dans celui de toute une guerre, je crois que pas un général expérimenté ne répudierait les idées que j'ai émises à ce sujet.

Je n'ai jamais nié que la cavalerie ne concourût à la défense d'une position; mais qu'elle la défendît par elle-même, je le nierai toujours. Placée sur une position, derrière 100 pièces de canon, elle pourra s'y maintenir si on se contente de la canonner, comme la cavalerie française se maintint si bravement à Eylau : mais que l'infanterie et l'artillerie marchent sur elle après avoir paralysé son canon, et vous verrez si la position sera défendue.

Du reste la véritable cause de la grande colère de M. le général B**** est facile à deviner. J'ai eu l'imprudence de dire que son Traité sur la cavalerie, fort érudit d'ailleurs, n'avait pas fait faire grand progrès à cette arme. Ce jugement lui a sans doute paru sévère, et malgré les torts de l'auteur à mon égard, je conviens qu'il était prononcé d'une manière trop absolue. Cependant, après les enseignements que nous avons pu recevoir de la cavalerie de Seydlitz et de Napoléon, je ne sais pas si celle que M. B**** organiserait et conduirait selon ses propres doctrines, ferait mieux, c'est là que gît la question. Pour avoir osé la résoudre négativement, je ne suis qu'un ignorant, c'est là de la bonne critique! Si les opinions sont libres, ne peut-on pas les discuter sans injures? Pour moi je reconnais à M. B**** beaucoup d'esprit et d'érudition; peut-être même en a-t-il trop pour le sujet qu'il traite : quand l'esprit pétille et que les passions parlent, la raison et le jugement sommeillent. Du reste j'ai déjà fait observer, dans la notice qui précède cet ouvrage, que ce n'était pas dans des livres sérieux qu'un militaire pouvait répondre à des personnalités, surtout après les avoir ignorées pendant six ans.

ARTICLE XLVI.

••••••••

De l'emploi de l'artillerie.

L'artillerie est à la fois une arme offensive et défensive également redoutable.

Comme moyen offensif, une grande batterie bien employée écrase une ligne ennemie, l'ébranle, et facilite, aux troupes qui l'attaquent, les moyens de l'enfoncer. Comme arme défensive, il faut reconnaître qu'elle double la force d'une position, non seulement par le mal qu'elle fait de loin à l'ennemi, et par l'effet moral qu'elle produit à une longue distance sur les troupes qui marchent à l'attaque, mais encore par la défense locale qu'elle fera sur la position même, et à portée de mitraille. Elle n'est pas moins importante pour l'attaque et la défense des places ou des camps retranchés, car elle est l'âme de la fortification moderne.

Nous avons dit quelques mots sur sa répartition dans la ligne de bataille, mais nous sommes plus embarrassé de dire la manière dont on doit la faire agir dans le combat. Ici les chances se multiplient tellement, à raison des circonstances particulières de l'affaire, du terrain et des mouvements de l'ennemi, qu'on ne peut pas dire que l'artillerie ait une action indépendante de celle des autres armes. Cependant on a vu, à Wagram, Napoléon jeter une batterie de 100 pièces dans la trouée occasionnée à sa ligne par le départ du corps de Masséna, et contenir ainsi tout l'effort du centre des Autrichiens; mais il serait bien difficile d'ériger en maxime un pareil emploi de l'artillerie.

Nous nous bornerons donc à présenter quelques données fondamentales, en observant qu'elles sont basées sur l'état de cette arme, tel qu'il existait dans les dernières guerres; l'emploi des nouvelles découvertes n'étant pas encore bien déterminé ne saurait trouver place ici.

1° Dans l'offensive, on doit réunir une certaine masse d'artillerie sur le point où l'on se prépare à porter les grands coups; on l'emploiera d'abord à ébranler par son feu la ligne de l'ennemi, afin de seconder l'attaque de l'infanterie et de la cavalerie.

2° Il faut en outre quelques batteries d'artillerie à cheval, pour suivre le mouvement offensif des colonnes, indépendamment des batteries légères à pied qui ont la même destination. Il ne faut pourtant pas lancer trop d'artillerie à pied dans un mouvement offensif; on peut la placer de manière à ce qu'elle atteigne le but sans suivre immédiatement les colonnes. Toutefois, lorsque le train est organisé de manière à y placer les artilleurs, on peut la risquer plus facilement.

3° Nous avons déjà dit que la moitié au moins de l'artillerie à cheval doit être réunie en réserve, pour se porter rapidement partout où le besoin l'exige (*). A cet effet, il faut la placer sur le terrain le plus ouvert, où elle puisse se mouvoir en tous sens. Nous avons dit aussi la meilleure place à assigner à l'artillerie de position.

4° Les batteries, quoique répandues en général sur toute une ligne défensive, doivent savoir diriger leur attention sur le point où l'ennemi trouverait plus d'avantages ou de facilités à pénétrer; il faut donc que le général commandant l'artillerie connaisse le point stratégique et tactique d'un

---

(*) Depuis que ce chapitre a été publié pour la première fois, plusieurs puissances ont adopté le système de placer les artilleurs sur le train au lieu de les mettre à cheval : cela épargne beaucoup de chevaux et l'embarras de les tenir pendant le tir des batteries. Mais cela n'égalera jamais, pour la mobilité, la superbe artillerie à cheval des Russes, qui surpasse toute idée qu'on chercherait à s'en faire. Beaucoup d'autres inventions de bouches à feu ont eu lieu, mais elles ne sont pas encore assez connues pour trouver place ici, ce sera à l'expérience à démontrer la manière de les employer.

champ de bataille, aussi bien que le terrain en lui-même, et que toute la répartition des réserves d'artillerie soit calculée sur cette double donnée.

5° Chacun sait que l'artillerie placée en plaine, ou au milieu de pentes doucement inclinées en glacis, est celle dont l'effet, à plein fouet ou à ricochets, sera le plus meurtrier : personne n'ignore non plus que le feu concentrique est celui qui convient le mieux.

6° L'artillerie de toute espèce employée dans les batailles ne doit jamais oublier que sa principale destination est de foudroyer les troupes ennemies, et non de répondre à leurs batteries. Cependant, comme il est bon de ne pas laisser le champ libre à l'action du canon ennemi, il est utile de le combattre pour attirer son feu : on peut destiner à cela un tiers des pièces disponibles, mais les deux tiers au moins doivent être dirigés sur la cavalerie et l'infanterie.

7° Si l'ennemi s'avance en lignes déployées, les batteries doivent chercher à croiser leur feu pour prendre ces lignes en écharpe ; celles qui pourraient se placer sur les flancs, et battre les lignes dans leur prolongement, feraient un effet décisif.

8° Lorsque l'ennemi s'avance en colonnes, on peut les battre de front, c'est-à-dire dans leur profondeur. Toutefois, il n'est pas moins avantageux de les battre d'écharpe, et surtout de flanc ou de revers. L'effet moral produit sur les troupes par l'artillerie qui prend de revers, est incalculable : il est rare que les plus vaillants soldats n'en soient pas étonnés ou ébranlés : le beau mouvement de Ney sur Preititz (bataille de Bautzen) fut neutralisé par quelques pièces de Kleist, qui prirent ses colonnes en flanc, les arrêtèrent, et décidèrent le maréchal à changer sa bonne direction. Quelques pièces d'artillerie légère, lancées à tout risque sur les flancs pour obtenir un pareil résultat, ne seraient jamais aventurées sans utilité.

9° Il est reconnu que les batteries doivent être constamment soutenues par de l'infanterie ou de la cavalerie, et qu'il est avantageux de bien appuyer leurs flancs. Cependant il se présente bien des cas où il faut dévier de cette maxime, et l'exemple de Wagram dont nous avons parlé en est un des plus remarquables.

10° Il est très important que, dans les attaques de cavalerie, l'artillerie ne se laisse pas effrayer, et qu'elle tire d'abord à boulets, puis à mitraille, aussi long-temps que cela se pourra (*). Dans ce

---

(*) Les obus de nouvelle invention, donnant les moyens de porter ces projectiles à mille toises avec une parabole insensible, seront une arme terrible contre la cavalerie.

cas, l'infanterie chargée de protéger des batteries doit être formée en carrés à proximité, afin de donner refuge aux chevaux, et ensuite aux canonniers; les carrés longs, proportionnés à l'étendue du front de la batterie, semblent les plus propres à remplir cette destination quand l'infanterie est derrière les pièces; si elle se trouve à côté, les carrés parfaits seront préférables. On assure aussi que les batteries de fusées peuvent être employées contre la cavalerie dont elles effraient les chevaux; mais, je le répète, c'est encore une expérience à faire, et on ne saurait baser aucune maxime sur des données aussi incertaines.

11° Dans les attaques d'infanterie contre de l'artillerie, la maxime de tirer le plus long-temps possible sans néanmoins commencer de trop loin, est encore plus rigoureuse que dans le cas susmentionné; les canonniers auront toujours le moyen de se mettre à l'abri de l'infanterie s'ils sont convenablement soutenus. C'est ici un des cas de faire donner à la fois les trois armes, car si l'infanterie ennemie est ébranlée par l'artillerie, une attaque combinée d'infanterie et de cavalerie causera sa destruction.

12° Les proportions de l'artillerie ont considérablement varié dans les dernières guerres. Napoléon s'en fut conquérir l'Italie en 1800, avec quarante ou cinquante pièces, et il réussit complétement; tandis qu'en 1812, il envahit la Russie avec mille pièces attelées et ne réussit point. Cela prouve assez qu'aucune règle absolue ne saurait fixer ces proportions. On admet généralement que trois pièces par mille combattants sont suffisantes, et même en Turquie, comme dans les montagnes, c'est beaucoup trop.

Les proportions de la grosse artillerie, dite de réserve, avec celles de l'artillerie plus légère, varient également. C'est un grand abus que d'avoir trop de grosse artillerie, car dans les batailles le canon de 6 ou de 8 fait à peu près le même effet que celui de 12, et il y a pourtant une grande différence dans la mobilité et les embarras accessoires de ces calibres. Au reste, une des preuves les plus notables que l'on puisse citer, pour faire juger l'influence des proportions de l'armement sur les succès des armées, fut donnée par Napoléon après la bataille d'Eylau : les pertes cruelles que ses troupes essuyèrent par le feu de la nombreuse artillerie des Russes, lui firent sentir la nécessité d'augmenter la sienne. Avec une activité difficile à concevoir, il fit travailler dans tous les arsenaux de la Prusse, de la ligne du Rhin et même de Metz, à renforcer le nombre de ses pièces et à en couler de nouvelles pour utiliser les munitions qu'il avait conquises dans la campagne. En trois mois il doubla, à quatre cents lieues de ses frontières, le personnel et le matériel de son artillerie, chose presque inouïe dans les annales de la guerre.

13° Un des moyens les plus convenables pour obtenir le meilleur emploi possible de l'artillerie, serait de donner toujours le commandement supérieur de cette arme à un général d'artillerie à la fois bon tacticien et stratégiste; ce chef aurait la faculté de disposer non-seulement de la réserve d'artillerie, mais encore de la moitié des pièces attachées aux différens corps ou divisions.

Il pourrait ainsi se concerter avec le généralissime sur le moment et le lieu où des masses considérables d'artillerie pourraient le mieux contribuer à la victoire; mais il ne ferait jamais une telle réunion de masses sans avoir pris, au préalable, les ordres du commandant en chef.

Au moment où j'allais faire imprimer cet article pour la seconde fois, je reçois une brochure du général Okounieff sur l'importance de l'artillerie.

Quelque intéressante qu'elle soit, elle ne saurait me décider à changer ce que j'ai dit sur cette arme.

L'auteur avoue, avec une louable franchise, qu'il n'avait point assez apprécié cette importance dans son ouvrage sur l'emploi des trois armes; et comme pour faire réparation à l'artillerie, il soutient aujourd'hui qu'elle doit désormais décider des batailles, et devenir, par cela même, l'arme principale des armées européennes.

Comme j'ai reconnu en tout temps la part qu'une artillerie bien employée peut avoir dans les victoires, je suis très disposé à admettre avec l'auteur, que son influence serait plus grande si l'on savait toujours en tirer le parti dont elle est susceptible. Je reconnais aussi, que plusieurs inventions toutes récentes qui augmenteront son effet, soit pour le tir à ricochets rasants, soit pour la mitraille à grande portée, sont de nature à appeler l'attention des généraux qui seront désormais dans le cas d'en faire usage, et qui ont en main le moyen d'en essayer les effets comme aussi de trouver les moyens de s'en garantir.

La brochure du général Okounieff aurait donc déjà atteint un but important, en ouvrant cette vaste carrière; mais après lui avoir rendu justice, il me sera permis de dire que l'auteur a un peu dépassé le but, car s'il fallait s'en rapporter à tout ce qu'il avance, il ne faudrait plus dans une armée que des cuirassiers, des artilleurs, et l'infanterie nécessaire pour garder les postes fermés, car le reste ne serait plus que pâture pour les projectiles. Partant de son idée dominante M. Okounieff en conclut, par une conséquence toute naturelle, que le moyen de gagner des batailles se réduira à enfoncer le centre d'une armée à force de coups de canon, et à avoir des masses préparées à fondre sur cette trouée; moyen qu'il trouve bien préférable à ceux qu'il nomme *mouvements de conversions*, et qui jusqu'à ce jour, de son aveu même, gagnaient cependant fort bien les batailles.

Ici, je l'avoue, je suis obligé de contester ce qu'il y a de trop absolu dans ces assertions. En premier lieu je ne comprends pas parfaitement ces mouvements de conversions; ce sont sans doute des attaques pour déborder une aile en même temps qu'on assaillirait une partie du front. Si je ne me trompe, ces sortes de manœuvres ne sont pas toujours des mouvements de conversion : au surplus, c'est une querelle de définitions qui importe peu au fond; ce que je ne trouve pas fondé, c'est l'idée qu'une manœuvre exclusive puisse être adoptée comme une panacée universelle, et qu'il faille renoncer à toute autre tactique qu'à celle des immenses batteries et des grosses masses perçant des centres. Pour ma part, si j'avais à combattre un ennemi professant de pareilles idées exclusives, je ne serais nullement embarrassé de lui opposer plus d'un moyen qui déjouerait ses attaques favorites : d'abord j'emploierais celui que M. Okounieff cite lui-même, à la page 35, comme ayant été adopté avec succès par le prince de Lichtenstein à la bataille de Wagram, contre la fameuse colonne de Macdonald : le système employé à Cannes par Annibal pourrait également trouver son application ici, d'autant mieux qu'une telle masse battue par les feux concentriques d'une artillerie égale en nombre, et disposée en ligne concave comme celle de l'archiduc Charles à Essling, serait fort compromise. Enfin pour éviter de scinder l'armée en deux parties, qui sait si un de ces mouvements de conversion que l'auteur veut répudier ne serait pas un excellent moyen à opposer à son système, puisqu'il transporterait l'effort décisif du combat sur un tout autre point que le centre?

Loin de moi néanmoins la pensée de contester tout mérite à une forte attaque sur le centre; je l'ai souvent recommandée, mais surtout lorsqu'elle se combinerait avec une attaque sur une extrémité de la ligne (selon la figure 12 de la planche 2 pages 24 et 33), ou lorsqu'elle se ferait contre une ligne un peu trop étendue.

Quoi qu'il en soit, il me paraît que l'auteur a un peu perdu de vue, que le moral des troupes, le caractère et le génie des chefs, ont aussi une grande influence sur l'issue des batailles. Ce sont des batteries moins meurtrières mais non moins efficaces. Il ne faut pas oublier non plus que tous les champs de bataille et toutes les contrées n'offrent pas un égal avantage au canon, en Italie, en Suisse, en Vendée, dans beaucoup de parties de l'Allemagne, dans tous les pays très coupés en un mot, on ne trouve pas des champs de bataille comme Wagram et Leipzig.

Au demeurant il y a d'utiles leçons dans sa brochure, à laquelle on ne saurait faire d'autre reproche que de l'avoir peut-être entraîné d'un extrême dans l'autre. L'auteur a sans doute voulu imiter ces avocats, qui, après un beau plaidoyer, tirent des conclusions exagérées, certains que les juges en rabattent toujours la moitié : les hommes sages sauront prendre ce qui s'y trouve de vrai et d'utile, et lui en tiendront compte.

Le premier résultat de cet opuscule devra être d'éveiller l'attention des hommes qui ont mission d'influer sur les destinées des armées, c'est-à-dire des gouvernements et des généraux. Le second sera peut-être de faire doubler le matériel et le personnel de l'artillerie, et adopter tous les perfectionnements capables d'en augmenter le meurtrier effet ! Et comme les artilleurs seront au nombre des premières victimes, il faudra bien en venir à dresser, dans l'infanterie, des hommes choisis pour servir les pièces au besoin et remplir même les lacunes que les combats laisseraient dans les cadres de l'artillerie. Enfin il faudra s'efforcer de trouver les moyens de neutraliser les effets de cette boucherie, et les premiers qui tombent sous les sens, semblent être des modifications dans l'armement et l'équipement des troupes, puis l'adoption d'une nouvelle tactique qui rende les dénouements aussi prompts que possible. Cette tâche sera celle de la génération qui s'élève, quand on aura éprouvé, par l'expérience, toutes les inventions dont on s'occupe dans les polygones d'exercice en attendant mieux. Heureux ceux qui dans les premières rencontres auront beaucoup d'obusiers à la Schrapnel, beaucoup de canons chargés par la culasse et tirant trente coups par minute, beaucoup de pièces ricochetant à hauteur d'homme et ne manquant jamais leur but sur l'une ou l'autre partie de l'échiquier du combat, enfin le plus de fusées perfectionnées; sans compter même les fameux fusils à vapeur de Perkins, relégués dans la défense des remparts, mais qui, s'il en faut croire le procès-verbal de lord Wellington, pourront encore faire ici d'assez cruels ravages.... Quel beau thème pour prêcher la paix universelle et le règne exclusif des chemins de fer !!

On me pardonnera si je termine une discussion aussi grave par une phrase qui touche à la plaisanterie. Mais il faut bien laisser entrevoir un côté moins sombre, à l'avenir dont nous menacent tant de braves militaires qui, par une cruelle prévoyance, combinent les moyens de rendre la guerre encore plus sanglante qu'elle ne l'est, et cela dans l'espoir d'assurer le triomphe de leur drapeau. Emulation terrible mais qui sera indispensable, si l'on veut rester au niveau de ses voisins, tant que le droit des gens n'aura pas mis des bornes à ces inventions !

ARTICLE XLVII.

••••••

De l'emploi combiné des trois armes.

Pour terminer entièrement ce précis, il restait à parler de l'emploi combiné des trois armes : mais combien de variations minutieuses ce sujet ne présenterait-il pas, si l'on avait la prétention de pénétrer dans tous les détails qu'exige l'application des maximes générales indiquées pour chacune de ces armes en particulier ?

Plusieurs ouvrages, et les allemands surtout, ont sondé cet abîme sans fond, et ils n'ont obtenu de résultats passables, qu'en multipliant à l'infini les exemples pris dans les petits combats partiels des dernières guerres. Ces exemples suppléent en effet aux maximes, lorsque l'expérience démontre qu'il serait impossible d'en donner de fixes. Dire que le commandant d'un corps composé des trois armes, doit les employer de manière à ce qu'elles s'appuient et se secondent mutuellement, semblerait une niaiserie, et c'est néanmoins le seul dogme fondamental qu'il soit possible d'établir, car vouloir prescrire à ce chef la manière dont il devra s'y prendre dans toutes les circonstances, ce serait s'engager dans un labyrinthe inextricable : or comme le but et les bornes de cet aperçu ne me permettent pas d'aborder de pareilles questions, je ne puis mieux faire que de renvoyer les officiers aux ouvrages spéciaux qui les ont traitées avec le plus de succès.

Placer les différentes armes selon le terrain, selon le but qu'on se propose, et celui que l'on peut supposer à l'ennemi; combiner leur action simultanée d'après les qualités propres à chacune d'elles, en ayant soin de les faire soutenir réciproquement; voilà tout ce que l'art peut conseiller; c'est dans l'étude des guerres, et surtout dans la pratique, qu'un officier supérieur pourra acquérir ces notions, ainsi que le coup d'œil qui inspire leur application opportune. Je crois avoir rempli la tâche que je m'étais imposée, et je vais passer successivement à la narration des guerres mémorables, où mes lecteurs trouveront à chaque pas l'occasion de s'assurer que l'histoire militaire, accompagnée de saine critique, est bien la véritable école de la guerre (*).

(*) *Voyez* Histoire critique des guerres de Frédéric, celle des Guerres de la révolution, et la Vie de Napoléon que j'ai publiées.

CONCLUSION.

Nous nous sommes efforcé de retracer les points principaux qui nous ont paru susceptibles d'être présentés comme maximes fondamentales de la guerre. Toutefois la guerre dans son ensemble n'est point une science mais un art. Si la stratégie surtout peut être soumise à des maximes dogmatiques qui approchent des axiomes des sciences positives, il n'en est pas de même de l'ensemble des opérations d'une guerre, et les combats entre autres échapperont souvent à toutes les combinaisons scientifiques, pour nous offrir des actes essentiellement dramatiques, dans lesquels les qualités personnelles, les inspirations morales et mille autres causes, joueront parfois le premier rôle. Les passions qui agiteront les masses appelées à se heurter, les qualités guerrières de ces masses, le caractère, l'énergie et les talens de leurs chefs ; l'esprit plus ou moins martial, non-seulement des nations, mais encore des époques (*) : en un mot tout ce que l'on peut nommer la poésie et la métaphysique de la guerre, influera éternellement sur ses résultats.

Est-ce à dire pour cela qu'il n'y a pas de règles de tactique, et qu'aucune théorie de tactique ne saurait être utile ? Quel militaire raisonnable oserait prononcer un tel blasphème ? Croira-t-on qu'Eugène et Malborough n'aient triomphé que par inspiration, ou par la supériorité morale de leurs bataillons ; ne trouvera-t-on pas au contraire dans les victoires de Turin, de Hochstett, de Ramilies, des manœuvres qui ressemblent à celles de Talavera, de Waterloo, de Jéna ou d'Austerlitz, et qui furent les causes de la victoire ? Or quand l'application d'une maxime, et la manœuvre qui en a été le résultat, ont procuré cent fois la victoire à d'habiles capitaines, et offrent en leur faveur toutes les chances probables, suffira-t-il qu'elles aient échoué quelquefois pour nier leur efficacité, et contester toute influence de l'étude de l'art ; toute

---

(*) Le fameux proverbe espagnol, *il fut brave tel jour*, peut s'appliquer aux nations comme aux individus : on ne saurait comparer les Français de Rosbach à ceux de Jéna, ni les Prussiens de Prenzlow à ceux de Dennewitz.

théorie sera-t-elle vaine parce qu'elle ne procurera que les trois quarts des chances de succès ?

Si le moral d'une armée et de ses chefs influe aussi sur ces chances, n'est-ce pas en définitive parce qu'il produit une action physique, soumise, comme les combinaisons de la tactique, aux lois communes de la *statique militaire?* L'attaque impétueuse de 20 mille braves électrisés, sur l'extrémité d'une ligne ennemie, donnera plus sûrement la victoire que la manœuvre de 40 mille hommes démoralisés contre cette même extrémité, parce que les premiers exerceront une action réelle, et que les derniers demeureront passifs, si même ils ne fuient pas.

La stratégie, comme nous l'avons dit, est l'art d'amener la plus grande partie des forces d'une armée sur le point le plus important du théâtre de la guerre, ou d'une zone d'opérations.

La tactique, est l'art d'utiliser ces masses sur le point où des marches bien combinées les auront rendues présentes; c'est-à-dire l'art de les mettre en action au moment et au point décisif du champ de bataille sur lequel le choc définitif doit avoir lieu : lorsque des troupes songent plus à fuir qu'à se battre, elles ne sont plus des masses agissantes, dans le sens que nous donnons à cette expression.

Un général instruit en théorie, mais dénué de coup-d'œil, de sang-froid et d'habileté, peut faire un beau plan stratégique, et manquer à toutes les lois de la tactique quand il se trouve en présence de l'ennemi; alors ses projets seront déjoués, et sa défaite probable; s'il a du caractère, il pourra diminuer les mauvaises suites de son échec; s'il perd la tête, il perdra toute son armée.

Le même général peut au contraire être aussi bon tacticien qu'il a été bon stratégicien, et avoir préparé la victoire par tous les moyens en son pouvoir : dans ce cas, lorsqu'il sera tant soit peu secondé par ses troupes et ses lieutenants, il remportera probablement une victoire signalée; mais si au contraire il ne commande qu'à des cohues indisciplinées, manquant d'ordre ou de courage; s'il est envié et trompé par de perfides lieutenants (*), il verra sans doute évanouir toutes ses

(*) Il arrive plus souvent qu'on ne le pense qu'un général en chef soit trompé par ses lieutenants qui, n'écoutant que leur égoïsme, oublient qu'ils trahissent en même temps le pays et l'armée, par l'effet de la plus basse jalousie et de la plus coupable ambition. L'inhabileté d'un lieutenant, qui serait incapable de concevoir le mérite d'une manœuvre ordonnée, et ferait des fautes graves dans l'exécution, aurait les mêmes résultats pour renverser les plus belles combinaisons.

espérances, et ses plus belles combinaisons ne pourront tendre qu'à diminuer les désastres d'une défaite presque inévitable. Cette défaite serait d'autant plus sûre, lorsque avec de pareils instruments il aurait à combattre un adversaire peut-être moins habile que lui, mais ayant des troupes aguerries ou enthousiastes pour leur cause.

Aucun système de tactique ne saurait garantir la victoire quand le moral de l'armée est mauvais, et même quand il serait excellent, la victoire peut dépendre d'un incident comme la rupture des ponts du Danube à Essling. Un général systématique pourrait proscrire les colonnes pour adopter l'ordre mince et les feux, ou bien reléguer ces feux dans les moyens purement défensifs, pour adopter exclusivement les colonnes semi-profondes, sans être sûr néanmoins du succès.

Ces vérités n'empêchent pas l'existence de bonnes maximes de guerre qui à chances égales, pourront procurer la victoire; et s'il est vrai que ces théories ne sauraient enseigner avec une précision mathématique ce qu'il conviendrait de faire dans tous les cas possibles, il est certain du moins qu'elles enseigneront toujours les fautes que l'on devra éviter; or ce serait déjà un immense résultat; car de telles maximes deviendraient ainsi, entre les mains de généraux commandant à de braves troupes, des gages de succès plus ou moins certains.

La justesse de cette assertion ne pouvant être contestée, il ne reste donc qu'à savoir distinguer les bonnes maximes des mauvaises; c'est en cela, il est vrai, que consiste tout le génie de la guerre, mais il y a cependant des principes directeurs pour arriver à cette connaissance. Toute maxime de guerre sera bonne lorsqu'elle aura pour résultat, d'assurer l'emploi de la plus forte somme de moyens d'actions au moment et au point opportun. Nous avons présenté au chapitre III, toutes les combinaisons stratégiques qui peuvent mener à ce résultat. Pour ce qui concerne la tactique, la principale de ces combinaisons sera toujours le choix de l'ordre de bataille le plus convenable d'après le projet que l'on aura en vue. Ensuite quand on en viendra à l'action locale des masses sur le terrain, ces moyens d'action peuvent être aussi bien une charge de cavalerie faite à propos, une forte batterie placée et démasquée au moment le plus convenable, une colonne d'infanterie chargeant avec impétuosité, ou une division déployée fournissant avec aplomb et sang-froid des feux meutriers, enfin des mouvements tactiques qui menaceraient l'ennemi en flancs et à revers, de même que toute manœuvre qui ébranlerait le moral de ses adversaires. Chacun de ces actes peut, selon l'occurrence, devenir la cause de la victoire; vouloir déterminer les cas où il faudrait donner la préférence à chacun d'eux, serait chose impossible.

Pour bien jouer ce grand drame de la guerre, le premier des devoirs sera donc de bien connaître le théâtre sur lequel on doit agir, afin de juger les avantages du double échiquier sur lequel les deux partis manœuvreront, en appréciaut les avantages de l'ennemi comme ceux de son propre parti. Cette connaissance acquise, on avisera aux moyens de se préparer une base d'opérations; ensuite il s'agira de choisir la zone la plus convenable pour y diriger ses efforts principaux, et d'embrasser cette zone de la manière la plus conforme aux principes de la guerre en choisissant bien ses lignes et front d'opérations. L'armée assaillante devra s'attacher surtout à entamer sérieusement l'armée ennemie en adoptant à cet effet d'habiles points objectifs de manœuvre; puis elle prendra ensuite pour objectif de ses entreprises subséquentes, des points géographiques proportionnés aux succès qu'elle aura obtenus.

L'armée défensive, au contraire, devra calculer tous les moyens de neutraliser cette première impulsion de son adversaire, en traînant les opérations en longueur, autant que cela pourra se faire sans compromettre le sort du pays, et en ajournant le choc décisif, jusqu'au moment où une partie des forces ennemies se trouverait usée par les fatigues, ou disséminée pour occuper les provinces envahies, masquer des places, couvrir des sièges, protéger la ligne d'opérations et les dépôts, etc.

Jusque-là, tout ce que nous venons de dire pourra être l'objet d'un premier plan d'opérations : mais ce qu'aucun plan ne saurait prévoir avec quelque certitude, c'est la nature et l'issue du choc définitif qui résultera de ces entreprises. Si vos lignes d'opérations ont été habilement choisies, vos mouvements bien déguisés; si l'ennemi au contraire fait de faux mouvements qui vous permettent de tomber sur les fractions encore dispersées de son armée, vous pourrez vaincre sans batailles rangées, par le seul ascendant de vos avantages stratégiques. Mais si les deux partis se trouvent également bien en mesure au moment où la rencontre aura lieu, alors il en résultera une de ces grandes tragédies comme Borodino, Wagram, Waterloo, Bautzen et Dresde, dans laquelle les préceptes de la grande tactique indiqués au chapitre IV pourront certainement exercer une influence notable.

Si quelques militaires obstinés, après avoir lu ce livre, après avoir étudié attentivement l'histoire raisonnée de quelques campagnes des grands maîtres, soutenaient encore qu'il n'y a ni principes ni bonnes maximes de guerre, alors on ne pourrait que les plaindre et leur répondre par le fameux mot de Frédéric-le-Grand : « Un mulet qui aurait fait vingt campagnes sous le prince Eugène n'en serait pas meilleur tacticien pour cela. »

De bonnes théories fondées sur les principes, justifiées par les évènements, et jointes à l'histoire militaire raisonnée, seront à mon avis la véritable école des généraux. Si ces moyens ne forment pas de grands hommes, qui se forment toujours par eux-mêmes quand les circonstances les favorisent, ils formeront du moins des généraux assez habiles pour tenir le second rang parmi les grands capitaines.

SUPPLÉMENT.

Quoique la notice qui suit ne tienne qu'indirectement au fond de mon plan, comme elle a de l'intérêt et qu'elle faisait partie des premières éditions, je n'ai pas cru devoir la supprimer. J'avais l'intention d'y joindre la notice des grandes invasions continentales, mais des causes majeures m'en ont empêché. Si je puis la terminer, j'en formerai un second supplément qui sera délivré aux souscripteurs.

APERÇU
DES PRINCIPALES EXPÉDITIONS D'OUTRE-MER.

J'ai pensé qu'on trouverait avec plaisir ici la note des principales expéditions maritimes, à l'appui des maximes sur les descentes (Art. 40).

Les forces navales des Egyptiens, des Phéniciens et des Rhodiens, sont les plus anciennes dont l'histoire rappelle confusément le souvenir. Les Perses ayant soumis ces peuples, ainsi que l'Asie Mineure, devinrent alors la puissance la plus redoutable sur terre comme sur mer.

Cependant, vers le même temps, les Carthaginois, maîtres des côtes de la Mauritanie, appelés par les habitants de Cadix, passaient le détroit, colonisaient la Bétique, s'emparaient des îles Baléares et de la Sardaigne, enfin descendaient en Sicile.

Les Grecs luttèrent comme on sait contre les Perses avec un succès difficile à espérer, bien que jamais pays ne fût plus favorisé par la nature pour avoir une marine respectable, que la Grèce avec ses 50 îles et ses nombreuses côtes.

La prospérité d'Athènes, fruit de sa marine marchande, en fit une puissance maritime, à qui la Grèce dut son indépendance. Ses flottes, alors réunies à celles des insulaires, furent sous Thémistocle la terreur des Perses et les arbitres de l'Orient. Mais elles n'exécutèrent jamais de grandes descentes, parce que les forces de terre n'étaient pas proportionnées à celles de la mer. Si la Grèce eût été un empire uni, au lieu d'une fédération de républiques, et si les flottes d'Athènes eussent été jointes à celles de Syracuse, de Corinthe et de Sparte, au lieu de se battre sans cesse contre elles, les Grecs eussent peut-être conquis l'empire du monde avant les Romains.

S'il faut en croire les traditions exagérées

des anciens historiens grecs, la fameuse armée et Xerxès n'avait pas moins de 4 mille vaisseaux, et ce nombre étonne même quand on lit la nomenclature qu'en donne Hérodote. Mais ce qui est plus difficile à croire, c'est qu'au même instant, et par un effort concerté, 5 mille autres vaisseaux aient débarqué 300 mille Carthaginois en Sicile, où ils auraient été détruits par Gelon, le jour même où Thémistocle détruisait la flotte de Xerxès à Salamine. Trois autres expéditions, sous Annibal, Imilcon, Amilcar, durent y porter tantôt 100 mille hommes, tantôt 150 mille : Agrigente et Palerme furent prises, Lylibée fondée, Syracuse assiégée vainement à deux reprises. La troisième fois Androclès s'échappa avec 15 mille hommes, descendit en Afrique, et fit trembler Carthage même ! cette lutte dura un siècle et demi.

Alexandre-le-Grand franchit l'Hellespont avec 50 mille hommes seulement; et sa marine militaire n'étant que de 160 voiles, tandis que celle des Perses comptait 400 bâtiments de guerre, il la renvoya en Grèce pour ne pas l'exposer.

Les généraux d'Alexandre, qui se disputèrent son empire pendant un demi-siècle, ne firent aucune expédition maritime notable.

Pyrrhus, appelé par les Tarentins, descendit

en Italie au moyen de leur flotte, amenant 26 mille fantassins, 3 mille chevaux et les premiers éléphants qui aient paru dans la péninsule (280 ans avant J.-C.). Vainqueur des Romains à Héracléc et à Ascoli, on ne sait trop pourquoi il s'en fut courir en Sicile pour en chasser les Carthaginois à la sollicitation des Syracusains. Rappelé après quelques succès par les Tarentins, il repassa le détroit, harcelé par la marine carthaginoise; puis, renforcé de Samnites ou de Calabrois, il s'avisa un peu tard de marcher sur Rome. Battu à son tour et repoussé vers Bénévent, il repassa en Epire avec 9 mille hommes qui lui restaient.

Carthage, qui prospérait depuis long-temps, profita de la ruine de Tyr et de l'empire Persan. Les guerres puniques entre cette république africaine et celle de Rome qui devenait prépondérante en Italie, furent les plus célèbres dans les annales maritimes de l'antiquité. Les armements faits par les Romains et les Carthaginois furent surtout dignes de remarque par la rapidité avec laquelle les premiers perfectionnèrent et augmentèrent leur marine. En l'an 488 (264 avant J.-C.), ils avaient à peine des canots pour passer en Sicile, et 8 ans après, on les voit sous Régulus vaincre à Ecnone, avec 340 grands vaisseaux, montés chacun par 300 rameurs et 120 combattants, formant au total 140 mille hommes. Les Carthaginois étaient, dit-on, encore plus forts de 12 à 15 mille hommes et de 50 vaisseaux.

Cette grande victoire d'Ecnone, plus extraordinaire peut-être que celle d'Actium, fut le premier pas des Romains vers l'empire du monde. La descente qui s'en suivit en Afrique, était composée de 40 mille hommes; mais les vainqueurs ayant commis la faute de rappeler la majeure partie de ces forces en Sicile, le reste fut accablé, et Régulus, fait prisonnier, devint aussi célèbre par sa mort que par sa fameuse victoire.

La grande flotte armée pour le venger, et victorieuse à Clypée, fut détruite à son retour par la tempête; celle qui lui succéda eut le même sort au cap Palinure. Battus à Drépane (an 249), les Romains perdirent 28 mille hommes et plus de 100 vaisseaux. Une autre flotte est engloutie entièrement la même année au cap Pactyre, en voulant aller assiéger Lylibée.

Dégoûté de tant de désastres, le sénat renonça d'abord à tenir la mer; mais voyant que l'empire de la Sicile et de l'Espagne dépendrait de la supériorité maritime, il arma de nouveau, et en 242, on vit Lutatius partir avec 300 galères et 700 bâtiments de transport pour Drépane, et gagner la bataille des îles Egates, où les Carthaginois perdirent 120 vaisseaux; cet événement mit fin à la première guerre punique.

La seconde, ayant été signalée par l'expédition d'Annibal en Italie, donna une tournure moins maritime aux opérations. Scipion porta cependant les aigles romaines devant Carthagène, et par la conquête de cette place, ruina pour toujours l'empire des Carthaginois en Espagne. Enfin, il porta la guerre en Afrique avec un armement qui n'égalait pas même celui de Régulus, ce qui ne l'empêcha pas de triompher à Zama, d'imposer à Carthage une paix honteuse et de lui brûler 500 bâtiments. Plus tard, le frère de ce grand homme franchit l'Hellespont avec 25 mille hommes, et alla remporter à Magnésie la célèbre victoire qui livra le royaume d'Antiochus et toute l'Asie à la merci des Romains. Cette expédition fut favorisée par une victoire navale, remportée à Myonnèse en Ionie, par les Romains unis aux Rhodiens contre la marine d'Antiochus.

Dès lors les Romains n'ayant plus de rivaux, augmentèrent leur puissance de toute l'influence qu'assure l'empire de la mer. Paul Emile descendit à Samothrace à la tête de 25 mille hommes

(168 avant J.-C.), vainquit Persée et soumit la Macédoine.

Vingt ans plus tard, la troisième guerre punique décida du sort de Carthage; l'important port d'Utique s'étant donné corps et biens aux Romains, un immense armement, parti de Lylibée, y transporta aussitôt 80 mille fantassins et 4 mille chevaux : le siége fut mis devant Carthage, et le fils de Paul Emile, adopté par le grand Scipion, eut la gloire d'achever la victoire de ses pères, en détruisant cette rivale acharnée des Romains.

Après ce triomphe, Rome domina en Afrique comme en Europe; mais son empire fut un moment ébranlé en Asie par Mithridate : ce grand roi, après s'être successivement emparé des petits états voisins, ne commandait pas moins de 250 mille hommes, et avait une flotte de 400 vaisseaux, dont 300 pontés. Il battit les trois généraux romains qui commandaient en Cappadoce, envahit toute l'Asie Mineure, y fit massacrer 80 mille sujets romains, et envoya même une puissante armée en Grèce.

Sylla y descendit avec un renfort de 25 mille Romains, et reprit Athènes; Mais Mithridate envoya successivement deux grandes armées par le

Bosphore ou par les Dardanelles ; la première, de 100 mille hommes, fut détruite à Chéronnée ; la seconde, de 80 mille, eut le même sort à Orchomène. En même temps, Lucullus assemble toutes les forces maritimes des villes de l'Asie Mineure, celles des îles, et surtout des Rhodiens, et vient prendre l'armée de Sylla à Sestos pour la conduire en Asie : Mithridate effrayé fait la paix.

Dans la seconde guerre, faite par Murena, et dans la troisième, conduite par Lucullus, il n'y eut plus de descentes opérées. Mithridate, poussé successivement jusqu'en Colchide, et ne tenant plus la mer, conçut alors le projet de tourner la mer Noire par le Caucase, pour revenir par la Thrace contre Rome, projet difficile à concevoir de la part d'un homme qui ne pouvait pas défendre ses états contre 50 mille Romains.

César descendit en Angleterre pour la seconde fois, avec 600 vaisseaux, portant près de 40 mille hommes. Dans les guerres civiles, il transporta 35 mille hommes en Grèce. Antoine, parti de Brindes pour le rejoindre avec 20 mille hommes, en passant au milieu des forces navales de Pompée, fut autant favorisé par la fortune de César que par les dispositions de ses lieutenants.

Plus tard César transporta 60 mille hommes en

Afrique, mais ces derniers n'y arrivèrent que successivement et à plusieurs reprises.

Le plus grand armement qui signala les derniers jours de la république romaine fut celui d'Auguste, qui transporta 80 mille hommes et 12 mille chevaux destinés à combattre Antoine en Grèce; car, indépendamment des nombreux bâtiments de transport nécessaires pour une pareille armée, il avait 260 vaisseaux de guerre pour les protéger. Antoine avait des forces supérieures sur terre, et remit le sort du monde à celui d'une bataille navale; il avait 170 bâtiments de guerre, outre 60 galères égyptiennes de Cléopâtre, le tout monté de 22 mille fantassins d'élite, outre les équipages de rameurs.

Plus tard Germanicus conduisit, aux bouches de l'Ems une grande expédition, composée de mille vaisseaux partis des bouches du Rhin, et portant au moins 60 mille hommes. La moitié de cette flotte fut détruite au retour par la tempête, et on ne conçoit pas trop pourquoi Germanicus, maître des deux rives du Rhin, s'exposa aux chances de la mer pour un si court trajet, qu'il pouvait exécuter par terre en peu de jours.

Lorsque l'empire romain eut étendu ses limites du Rhin jusqu'à l'Euphrate, les expéditions maritimes furent rares, et la grande lutte qui survint avec les peuples du Nord, après le partage de l'empire, fit porter toutes les forces de l'état du côté de la Germanie et de la Thrace. L'empire d'Orient conserva néanmoins une grande marine, dont les îles de l'Archipel lui faisaient une nécessité et lui fournissaient les moyens.

Les cinq premiers siècles de l'ère chrétienne offrent donc peu d'intérêt sous le rapport maritime. Les Vandales furent les seuls qui, maîtres de l'Espagne, s'en allèrent descendre en Afrique sous Genseric au nombre de 80 mille ; ils furent ensuite vaincus par Bélisaire, mais leur marine, maîtresse des Baléares et de la Sicile, domina un instant la Méditerranée.

Au moment même où les peuples de l'Est se jetaient sur l'Europe, ceux de la Scandinavie commençaient à visiter les côtes d'Angleterre. Leurs opérations ne sont guère mieux connues que celles des barbares ; elles se perdent dans les mystères d'Odin. Des Bardes de la Scandinavie accordent 2500 navires à la Suède ; des calculs moins poétiques en donnent 970 aux Danois et 300 à la Norvège, qui souvent agirent de concert.

Les Suédois tournèrent naturellement leurs incursions vers le fond de la Baltique, et poussèrent les Varègues sur la Russie. Les Danois, placés plus à portée de la mer du Nord, se dirigèrent vers les côtes d'Angleterre et de France.

Si l'énumération citée par Depping est exacte, il est certain du moins que la majeure partie de ces navires n'étaient que des barques de pêcheurs montées d'une vingtaine d'hommes. Il y avait aussi des *Snekars* à 20 bancs de rameurs, ce qui ferait 40 rames pour les deux bords. Les chefs montaient des *Dragons* à 34 bancs de rameurs. Les incursions des Danois, qui remontèrent bien avant dans la Seine et la Loire, portent à croire que la majeure partie de ces bâtiments étaient très petits.

Toutefois Hengist, appelé en 449 par le Breton Wortiger, conduit cinq mille Saxons en Angleterre avec 18 vaisseaux seulement, ce qui prouverait qu'il y en avait aussi de grands, ou que la marine des bords de l'Elbe était supérieure à celle des Scandinaves.

De 527 à 584, trois nouvelles expéditions sous Ida et Cridda mettent l'Angleterre au pouvoir des Saxons, qui en forment sept royaumes. Ce n'est qu'au bout de trois siècles (833) que cette heptarchie est réunie en un seul état sur la tête d'Ecbert.

Par un mouvement inverse de celui des Vandales, les populations africaines visitèrent à leur tour le midi de l'Europe. Les Maures franchirent en 712 le détroit de Gibraltar sous la conduite de Tarik. Appelés par le comte Julien ils ne vinrent d'abord qu'au nombre de 5 mille, et loin d'éprouver une vive résistance ils furent favorisés par les nombreux ennemis des Visigoths. C'était alors le beau temps des califes, et les Arabes pouvaient bien passer pour libérateurs en comparaison des dominateurs du Nord. L'armée de Tarik, bientôt portée à 20 mille hommes, vainquit le roi Rodrigue à Xérès de la Frontera, et soumit le royaume. Peu à peu plusieurs millions d'habitants de la Mauritanie passèrent la mer pour s'établir en Espagne; et si leurs migrations nombreuses ne peuvent figurer précisément au nombre des descentes, elles forment néanmoins un des tableaux les plus imposants et les plus curieux de l'histoire, placées entre les courses de Vandales en Afrique, et des croisades dans l'Orient.

Une révolution non moins importante, et qui laissa de plus durables traces, signala au Nord l'établissement du vaste Empire qui porte aujourd'hui le nom de Russie. Les princes Varègues, appelés par les Novogorodiens, et dont Rurick fut le premier, se signalèrent bientôt par de grandes expéditions.

En 902, Oleg s'embarqua, dit-on, sur le Dnieper avec 2 mille barques portant 80 mille hommes, qui franchirent les cataractes du fleuve, débouchèrent dans la mer Noire tandis que leur cavalerie longeait la côte, se présentèrent devant Constantinople, et forcèrent Léon-le-Philosophe à leur payer un tribut.

Quarante ans après, Igor prend la même route avec un armement que les chroniques portent à 10 mille barques. Arrivée près de Constantinople, sa flotte, effrayée des terribles effets du feu grégeois, est chassée sur la côte d'Asie, y met à terre des troupes qui sont repoussées, et l'expédition retourne dans son pays.

Loin de se décourager, Igor rétablit sa flotte et son armée, puis va descendre aux bouches du Danube, où l'empereur Roman-Lapoucène lui envoie demander la paix et renouvelle les tributs (943).

A peine un quart de siècle est-il écoulé, que Swiatoslaf, favorisé par les disputes de Nicéphore avec le roi des Bulgares, embarque 60 mille hommes (967), débouche dans la mer Noire, remonte le Danube et s'empare de la Bulgarie. Rappelé par les Petschenègues, qui menaçent Kiew, il s'allie avec eux, retourne en Bulgarie, rompt son alliance avec les Grecs, puis, renforcé de Hongrois, franchit le Balkan et va attaquer Andrinople. Le trône de Constantin était alors occupé par Zimmiscès qui en était digne; au lieu de se rançonner, comme ses prédécesseurs, il lève cent mille hommes, arme une flotte respectable, repousse Swiatoslaf d'Andrinople, l'oblige à se retirer sur Silistrie, et fait reprendre d'assaut la capile des Bulgares. Le prince russe marche au-devant de l'ennemi, lui livre bataille non loin de Silistrie, mais est forcé à rentrer dans la place, où il soutient un des siéges les plus mémorables dont l'histoire fasse mention.

Dans une seconde bataille, plus sanglante encore, les Russes font des prodiges et sont de nouveau forcés à céder au nombre. Zimmiscès, sachant honorer le courage, signe enfin avec eux un traité avantageux.

Vers le même temps, les Danois sont attirés en Angleterre par l'espoir du pillage; on assure que Lothaire appela aussi en France leur roi Ogier, pour se venger de ses frères. Les premiers succès de ces pirates augmentèrent leur goût pour les aventures: tous les cinq ou six ans, ils vomissent sur les côtes de France et de Bretagne des bandes qui dévastent tout. Ogier, Hasting, Régner, Sigefroi, les conduisent tantôt aux bouches de la Seine, tantôt à celles de la Loire, enfin à celles de la Garonne. On prétend même que Hasting entra dans la Méditerranée et remonta le Rhône jusqu'à Avignon, ce qui est pour le moins douteux. La force de leurs armements n'est pas connue, le plus grand paraît avoir été de 300 voiles.

Au commencement du 10e siècle, Rollon, descendu d'abord d'Angleterre, trouve dans Alfred un rival qui lui laisse peu d'espérance de succès, il s'allie avec lui, descend en Neustrie en 911, et marche de Rouen sur Paris; d'autres corps s'avancent de Nantes sur Chartres. Repoussé de cette ville, Rollon se répand dans les provinces voisines et ravage tout. Charles-le-Simple ne voit pas de meilleur moyen de délivrer son royaume de ce fléau sans cesse renaissant, que d'offrir à Rollon de lui céder cette belle province de Neustrie, à charge d'épouser sa fille et de se faire chrétien, ce qui fut accepté avec empressement.

Trente ans plus tard le petit-fils de Rollon, inquiété par les successeurs de Charles, appelle le roi de Danemark à son secours. Celui-ci descend avec des forces considérables, bat les Français, fait leur roi prisonnier, et assure pour toujours la Normandie au fils de Rollon.

Dans le même intervalle de 838 à 950, les Danois ont montré le même acharnement contre l'Angleterre et l'on traitée plus mal encore que la France, bien que la conformité de langage et de mœurs les rapproche plus des Saxons que des Francs. Iwar établit sa race dans le Northumberland après avoir saccagé le royaume; Alfred-le-Grand, d'abord vaincu par les successeurs de ce chef, parvient à reconquérir son trône, et contraint les Danois à se soumettre à ses lois.

Les choses changent de nouveau de face; Swenon, plus heureux encore qu'Iwar, après avoir parcouru l'Angleterre en dévastateur autant qu'en maître, lui vend deux foix la paix au poids de l'or, et retourne en Danemark en laissant une partie de son armée dans le pays.

Ethelred, qui lui a disputé sans talents les débris de la puissance saxonne, croit ne pouvoir mieux se débarrasser de ses hôtes importuns, qu'en ordonnant le massacre simultané de tous les Danois restés dans l'île (1002). Mais Swenon reparaît l'année suivante avec une force imposante, trois flottes ont opéré successivement, de 1003 à 1007, autant de débarquements, qui ravagent de nouveau la malheureuse Angleterre.

En 1012, Swenon, descendu aux bouches de l'Humber, se répand encore une fois comme un torrent; les Anglais, fatigués d'obéir à des princes qui ne savent pas les défendre, le reconnaissent comme roi du Nord. Son fils Canut-le-Grand eut à disputer le trône à un rival plus digne de lui (Edmond Côte-de-fer). Revenu du Danemark avec des forces considérables et secondé par le perfide Edric, Canut ravagea la partie méridionale et menaça Londres. Un nouveau partage eut lieu, mais Edmond ayant été assassiné par Edric, Canut fut enfin reconnu roi de toute l'Angleterre, en partit ensuite pour soumettre la Norwège, revint pour attaquer l'Ecosse, et mourut en partageant ses royaumes à ses trois enfants, selon l'usage du temps.

Cinq ans après sa mort, les Anglais rendirent la couronne à leurs princes Anglo-Saxons; mais Edouard, à qui elle échut en partage, était plus fait pour être moine, que pour sauver un pays en proie à de pareils déchirements. Il mourut en 1066, en laissant à *Harold* une couronne que lui contestait le chef des Normands établis en France, à qui Edouard en avait, dit-on, fait la cession; et malreusement pour Harold, ce compétiteur était un ambitieux et un grand homme.

Cette année 1066 fut signalée par une double expédition extraordinaire. Tandis que Guillaume-le-Conquérant apprêtait en Normandie un armement formidable contre Harold, le frère de celui-ci, chassé du Northumberland pour ses crimes, cherche un appui en Norwège, part avec le roi de ce pays et plus de 30 mille hommes, portés sur 500 vaisseaux, qui descendent aux bouches de l'Humber. Harold les détruit presque entièrement dans une bataille sanglante livrée près de Yorck; mais à l'instant même un orage plus furieux va tomber sur lui. Guillaume a profité du moment où le roi Anglo-Saxon combattait les Norvégiens, pour appareiller de Saint-Valeri avec un des armements les plus considérables (Hume affirme qu'il avait trois mille bâtiments de transport, d'autres en réduisent le nombre à 1200, portant 60 à 70 mille combattants). Harold, accouru de Yorck en toute hâte, lui livre près de Hastings une bataille décisive, dans laquelle le roi d'Angleterre trouve une mort honorable, et son heureux rival soumet bientôt tout le pays à sa domination.

Au même instant où ceci se passait, un autre Guillaume, surnommé Bras-de-Fer, Robert Guiscard et son frère Roger, vont conquérir avec une poignée de braves la Calabre et la Sicile (1058 à 1070).

Trente ans sont à peine écoulés depuis ces mémorables événements, lorsqu'un prêtre exalté anime l'Europe entière d'un vertige fanatique, et la précipite sur l'Asie pour conquérir la Terre-Sainte.

Suivi d'abord de cent mille hommes, puis de deux cent mille vagabonds mal armés, qui périssent en partie sous le fer des Hongrois, des Bulgares et des Grecs, Pierre l'Hermite parvient enfin à franchir le Bosphore, et arrive devant Nicée avec 50 ou 60 mille hommes, qui sont entièrement détruits ou pris par les Sarrasins.

Une expédition plus militaire succède à cette campagne de pèlerins : 100 mille Français, Lorrains, Bourguignons et Allemands, conduits par Godefroi de Bouillon, se dirigent par l'Autriche sur Constantinople ; un pareil nombre sous le comte de Toulouse marche par Lyon, l'Italie, la Dalmatie et la Macédoine. Enfin Bohémond, prince de Tarente, avec des Normands, des Siciliens et des Italiens, s'embarque pour suivre la route par la Grèce sur Gallipoli.

Cette grande migration rappelle les expéditions

fabuleuses de Xerxès ; et les flottes génoises, vénitiennes, grecques, sont frêtées pour transporter ces essaims de croisés en Asie en passant le Bosphore ou les Dardanelles ; plus de 400 mille hommes se réunissent dans les plaines de Nicée, et y vengent la défaite de leurs devanciers ; Godefroi vainqueur les conduit ensuite à travers l'Asie et la Syrie jusqu'à Jérusalem, où il fonde un royaume.

Tous les moyens maritimes de la Grèce et des républiques florissantes de l'Italie furent employés, soit à transporter ces masses au-delà du Bosphore, soit à les approvisionner durant le siége de Nicée, et le grand mouvement que cela imprima aux puissances littorales de l'Italie, fut peut-être le plus heureux résultat des croisades.

Ce succès momentané devint la cause de grands désastres : les Musulmans, divisés entre eux, se ralliaient toutes les fois qu'il s'agissait de combattre les infidèles ; et la division passa à son tour dans le camp des croisés. Il fallut une nouvelle expédition pour secourir le royaume que menaçait le vaillant Noureddin. Louis VII et l'empereur Conrad partirent à la tête chacun d'environ 100 mille croisés et prirent comme leurs prédécesseurs la route de Constantinople (1142). Mais les Grecs, effrayés par les visites réitérées de ces hôtes menaçants, conspirèrent leur ruine.

Conrad, qui avait voulu prendre les devants, tomba dans les piéges des Turcs avertis par Manuel Comnènes, et fut défait en détail dans plusieurs rencontres par le sultan d'Icone. Louis, plus heureux, vainquit les Turcs sur les bords du Méandre, mais son armée privée de l'appui de Conrad, harcelée par l'ennemi, battue partiellement au passage des défilés et manquant de tout, se vit confinée à Attalie, sur la côte de Pamphilie, où elle chercha les moyens de s'embarquer : les Grecs lui en fournirent d'insuffisants, et à peine 15 à 20 mille hommes parvinrent à Antioche avec leur roi; le reste périt ou tomba aux mains des Sarrasins.

Ces faibles secours, bientôt dévorés par le climat et les combats journaliers, quoique alimentés par les petites troupes successives que la marine italienne amenait d'Europe, étaient de nouveau prêts à succomber sous les coups de Saladin, lorsque la cour de Rome parvint à unir l'empereur Frédéric Barberousse avec les rois de France et d'Angleterre pour sauver la Terre-Sainte.

L'empereur parti le premier à la tête de 100 mille Allemands, se fraie un passage par la Thrace, malgré la résistance formelle des Grecs alors gouvernés par Isaac l'Ange. Frédéric victorieux marche à Gallipoli, franchit les Dardanelles, s'empare d'Icone, et meurt pour s'être baigné imprudemment dans une rivière qu'on a prétendu être le Cydnus. Son fils, le duc de Souabe, harcelé par les Musulmans, abîmé par les maladies, amène à peine 6 mille hommes à Ptolémaïs.

Au même instant, Richard Cœur-de-Lion et Philippe-Auguste, mieux inspirés(*), prirent la voie de mer en partant de Marseille et de Gênes avec deux grosses flottes (1190). Le premier s'empara de Chypre, et tous deux descendirent ensuite en Syrie, où ils eussent probablement triomphé sans la rivalité qui s'éleva entre eux et ramena Philippe en France.

Douze ans après, une nouvelle croisade est décidée (1203); une partie des croisés s'embarque en Provence ou en Italie; d'autres, sous le comte de Flandre et le marquis de Montferrat, prennent la

---

(*) Richard partit d'Angleterre avec 20 mille fantassins et 5 mille cavaliers, et débarqua en Normandie, d'où il se rendit par terre en Guyenne et de là à Marseille. On ignore quelle flotte le porta en Asie. Philippe s'embarqua à Gênes sur des navires italiens, avec des forces au moins aussi considérables.

route de Venise dans l'intention d'en faire autant. Mais ces derniers, séduits par l'habile Dandolo, se réunissent à lui pour aller attaquer Constantinople, sous prétexte de soutenir les droits d'Alexis l'Ange, fils de cet Isaac l'Ange, qui avait combattu l'empereur Frédéric, et successeur de ces Comnènes qui avaient favorisé la destruction des armées de Conrad et de Louis VII.

Vingt mille hommes osent aller attaquer l'ancienne capitale du monde, qui compte au moins 200 mille défenseurs. Ils lui livrent un double assaut par terre et par mer, et s'en emparent. L'usurpateur s'enfuit, Alexis l'Ange replacé sur le trône ne peut s'y maintenir; les Grecs s'insurgent en faveur de Murzuphe, mais les Latins livrent un assaut plus sanglant que le premier, s'emparent de Constantinople, et placent sur le trône leur chef, le comte Baudoin de Flandre. Cet empire dure un demi-siècle : les débris de celui des Grecs se réfugièrent à Nicée et à Trébizonde.

Une sixième expédition fut dirigée sur l'Egypte par Jean de Brienne, et malgré le succès de l'horrible siége de Damiette, il fut obligé de céder devant les efforts toujours croissants de la population musulmane; les débris de sa brillante armée, près d'être submergés par les eaux du Nil, furent trop heureux d'acheter la permission de se rembarquer pour l'Europe.

La cour de Rome, qui trouvait son compte à entretenir l'ardeur des Chrétiens pour ces expéditions, dont elle seule retirait le fruit, stimulait les princes allemands à soutenir le royaume chancelant de Jérusalem. L'empereur Frédéric et le landgrave de Hesse s'embarquèrent à Brindes en 1227, à la tête de 40 mille soldats d'élite. Mais ce landgrave, et ensuite Frédéric lui-même, étant tombés malades, la flotte relâcha à Tarente, d'où l'empereur, irrité de l'orgueil de Grégoire IX qui osa l'excommunier parce qu'il n'obéissait pas assez vite au gré de ses désirs, repartit plus tard avec dix mille hommes, cédant ainsi à la terreur qu'inspiraient les foudres pontificales.

Louis IX, animé du même esprit, ou guidé, s'il faut en croire Ancelot, par des motifs d'une politique plus élevée, partit d'Aigues-Mortes en 1248, avec 120 gros vaisseaux et 1500 petits bâtiments, loués des Génois, Vénitiens et Catalans, car la France, quoique baignée par deux mers, n'avait pas alors de marine. Ce roi descendit à Chypre, y rallia encore quelques forces, et en repartit, dit Joinville, avec plus de 1800 vaisseaux pour descendre en Egypte. Son armée devait être d'environ

80 mille hommes, car bien que la moitié fût dispersée et jetée sur les côtes de Syrie, il marcha, quelques mois après, sur le Caire, avec 60 mille combattants, dont 20 mille à cheval. Il est vrai que le comte de Poitiers avait opéré un second débarquement de troupes venant de France.

On sait assez quel funeste sort éprouva cette brillante armée, ce qui n'empêcha pas, 20 ans après, le même roi de tenter les chances d'une nouvelle croisade (1270). Il descendit cette fois sur les ruines de Carthage et assiégea Tunis; mais la peste détruisit la moitié de son armée en quelques semaines, et lui-même en fut victime. Le roi de Sicile, débarqué avec de puissants renforts au moment de la mort de Louis, voulant ramener les débris de l'armée dans son île, essuya une tempête qui engloutit 4 mille hommes et 20 grands vaisseaux. Ce prince n'en méditait pas moins la conquête de l'empire grec et de Constantinople, comme une proie plus utile et plus sûre. Mais Philippe, fils et successeur de saint Louis, pressé de retourner en France, rejeta cette proposition. Cet effort fut le dernier; les chrétiens, abandonnés en Syrie, y furent détruits dans les attaques mémorables de Tripoli et de Ptolémaïs; quelques débris des ordres religieux se réfugièrent à Chypre et s'établirent à Rhodes.

Les Musulmans passèrent à leur tour les Dardanelles à Gallipoli en 1355, et s'emparèrent successivement des provinces européennes de l'empire d'Orient, auquel les Latins eux-mêmes avaient porté le dernier coup.

Mahomet II, assiégeant Constantinople (1453) fit, dit-on, passer sa flotte par terre pour l'introduire dans le canal et fermer le port, on va jusqu'à dire qu'elle était assez considérable pour être montée par 20 mille fantassins d'élite. Renforcé après la prise de cette capitale de tous les moyens de la marine grecque, Mahomet place en peu de temps son empire au premier rang des puissances maritimes. Il ordonne des attaques contre Rhodes et même contre Otrante sur le continent italien, tandis qu'il court en Hongrie chercher un rival plus digne de lui (Huniade). Repoussé et blessé à Belgrade, le sultan se jette sur Trébizonde avec une flotte nombreuse, soumet cette ville, et va avec 400 voiles débarquer à l'île de Négrepont, qu'il prend d'assaut. Une seconde tentative sur Rhodes, exécutée, dit-on, avec 100 mille hommes, par un de ses meilleurs lieutenants, est repoussée avec perte. Mahomet s'apprêtait à y aller en personne à la tête d'une armée immense, assemblée sur les côtes d'Ionie, et que Vertot porte à 300 mille hommes, lorsque la mort le surprit dans ce projet.

Vers la même époque, l'Angleterre commençait aussi à se montrer redoutable à ses voisins sur terre comme sur mer; et les Hollandais, arrachant leur pays aux flots de l'Océan, formaient le germe d'une puissance plus extraordinaire encore que celle de Venise.

Edouard III débarqua en France et assiégea Calais avec 800 vaisseaux et 40 mille hommes.

Henri V descendit deux fois, en 1414 et 1417; il avait, dit-on, 1500 vaisseaux et seulement 30 mille hommes, dont six mille de cavalerie.

Mais jusqu'à cette époque et à la prise de Constantinople, tous les événements que nous venons de rapporter avaient eu lieu avant l'invention de la poudre, car, si Heuri V eut quelques canons à Azincourt comme on le prétend, il est certain qu'on n'en faisait pas encore usage dans la marine. Dès lors toutes les combinaisons des armements changèrent, et cette révolution eut lieu, pour ainsi dire, au même instant où la découverte de la boussole, du cap de Bonne-Espérance et de l'Amérique, allaient changer aussi toutes les combinaisons du commerce maritime, et créer un système colonial absolument nouveau.

Nous ne parlerons pas ici des expéditions des Espagnols en Amérique, ni de celles des Portugais, des Hollandais et des Anglais dans l'Inde, en doublant le cap de Bonne-Espérance. Malgré leur grande influence sur le commerce du monde, malgré le génie des Gama, des Albuquerque, des Cortez, ces expéditions, entreprises par de petits corps de 2 ou 3 mille hommes, contre des peuplades du littoral qui ne connaissaient pas les armes à feu, n'offrent aucun intérêt comme opérations de guerre.

La marine espagnole, portée à un haut degré de splendeur par suite de cette découverte d'un nouveau monde, brilla sous Charles-Quint : cependant la gloire de l'expédition de Tunis, que ce prince conquit à la tête de 30 mille hommes d'élite, portés par 500 bâtiments génois ou espagnols, fut balancée par le désastre qu'essuya une expédition de même force, entreprise contre Alger (1541), dans une saison trop avancée, et malgré les sages avis de l'amiral Doria. A peine débarqué, l'Empereur vit 160 de ses vaisseaux et 8 mille hommes engloutis par les flots, et le reste, sauvé par l'habileté de Doria, se réunit au cap Metafuz, où Charles-Quint ne le rejoignit pas sans danger ni sans peine.

Dans ces entrefaites, les successeurs de Mahomet n'avaient pas méconnu tous les avantages que leur promettait la domination de tant de belles provinces maritimes qui, tout en leur faisant connaître l'importance de l'empire des mers, leur fournissaient d'immenses moyens pour y arriver. A cette époque l'artillerie et l'art militaire n'étaient pas moins avancés chez les Turcs que chez les Européens. Leur grandeur fut portée à son apogée sous Soliman I, qui assiégeait et prit Rhodes (1552) avec un armement qu'on a porté à 140 mille hommes de troupes de terre, et qui serait encore considérable en le réduisant de moitié.

En 1565, Mustapha et le célèbre Dragut descendirent à Malte, où les chevaliers de Rhodes avaient fait un nouvel établissement ; ils conduisaient 32 mille janissaires avec 140 vaisseaux : on sait comment Jean de la Valette s'immortalisa en le repoussant.

Un armement plus redoutable, qu'on porte à 200 galères et 55 mille hommes, fut dirigé en 1527 contre l'île de Chypre, où il prit Nicosie et mit le siége devant Famagouste. Les horribles cruautés commises par Mustapha, augmentaient les alarmes qu'inspiraient ses progrès : l'Espagne, Venise, Naples et Malte réunirent leurs forces navales pour secourir Chypre; mais Famagouste avait déjà succombé malgré l'héroïque défense de Barberigo, que Mustapha eut la lâcheté de faire écorcher vif, pour venger la mort de 40 mille Turcs, qui avaient péri depuis deux ans dans l'île.

Cependant la flotte combinée, conduite par deux héros, Don Juan d'Autriche frère de Philippe II, et André Doria, atteignit celle des Turcs à l'entrée du golfe de Lépante, près du même promontoire d'Actium où s'était jadis décidé l'empire du monde entre Antoine et Auguste. Ils la détruisirent presque entièrement; plus de 200 bâtiments et 30 mille Turcs furent pris ou coulés (1571). Cette victoire ne mit pas fin à la suprématie des Ottomans, mais elle en arrêta l'essor : toutefois ils firent de si grands préparatifs, que l'année suivante une flotte aussi considérable reprit la mer; la paix mit un terme à tant de ravages.

Le mauvais succès de Charles-Quint contre Alger n'empêcha pas Sébastien de Portugal de vouloir tenter la conquête de Maroc, où l'appelait un prince maure dépouillé de ses états. Descendu sur les côtes de ce royaume, à la tête de 20 mille hommes, ce jeune prince fut tué et son armée taillée en pièces à la bataille d'Alcazar, par Muley Abdelmeleck, en 1578.

Philippe II, dont l'orgueil s'était accru depuis la bataille navale de Lépante, par les succès que son machiavélisme et l'aveuglement des ligueurs lui procuraient en France, ne croyait pas que rien pût résister à ses armes. Il imagina de soumettre l'Angleterre. L'invincible Armada destinée à cet effet, et qui fit tant de bruit dans le monde, se composait d'une expédition partie de Cadix au nombre de cent trente-sept bâtiments armés, selon Hume, de 2630 canons en bronze, et montés par 20 mille soldats outre 11 mille marins. A ces forces devait se joindre une armée de 25 mille hommes que le duc de Parme amènerait des Pays-Bas par Ostende. La tempête et les Anglais firent justice de cet armement, considérable pour l'époque, mais qui, loin de mériter l'épithète pompeuse qu'on lui avait donnée, perdit 13 mille hommes et la moitié de ses vaisseaux sans avoir approché des côtes d'Angleterre.

Après cette expédition, celle de Gustave Adolphe en Allemagne se présente la première (1630). L'armée n'était que de 15 à 18 mille hommes; la flotte assez considérable comptait 9 mille matelots; mais c'est sans doute par erreur que M. Ancillon affirme qu'elle portait 8 mille canons. Le débarquement en Poméranie fut peu disputé par les Impériaux, et le roi de Suède trouva un grand point d'appui dans les peuples d'Allemagne. Son successeur fit une expédition d'une nature tout extraordinaire, et dont on ne trouve dans l'histoire qu'un seul autre exemple : nous voulons parler de la marche du roi de Suède Charles X, passant le Belt sur la glace, pour se rendre de Schleswicg par l'île de Fionie sur Copenhague (1658). Il avait 25 mille hommes, dont 9 mille de cavalerie et une artillerie proportionnée. Cette entreprise fut d'autant plus audacieuse, que la glace n'était pas sûre, puisque plusieurs pièces de canon et la voiture même du roi y furent englouties.

Après 75 ans de paix, la guerre entre Venise et les Turcs avait recommencé (1615). Les derniers portèrent une armée de 55 mille hommes avec 350 galères ou vaisseaux à Candie, et s'emparèrent du poste important de la Canée, avant que la république songeât à la secourir. Quoique Venise commençât à perdre des mœurs qui avaient fait sa grandeur, elle possédait encore quelques braves : Morosini, Grimani et Mocenigo, luttèrent plusieurs années contre les Turcs, à qui leur supériorité numérique et la possession de la Canée donnaient de grands avantages.

La flotte vénitienne avait acquis néanmoins

sous Grimani un ascendant marqué, lorsqu'une tempête horrible en détruisit les deux tiers, avec l'amiral lui-même.

En 1648 commença le siége de Candie, Jussuf l'attaque avec fureur à la tête de 30 mille hommes, deux assauts sont repoussés, une brèche immense permet d'en tenter un troisième; les Turcs pénètrent dans la place. Mocenigo se jette sur eux pour chercher la mort; une victoire éclatante couronne son héroïsme, il les repousse et comble les fossés de leurs corps.

Venise aurait pu chasser les Turcs en envoyant 20 mille hommes à Candie, mais l'Europe la soutenait faiblement, et la république avait mis en jeu tout ce qui lui restait de véritables guerriers.

Le siége, repris quelque temps après, dura plus que celui de Troie, chaque campagne était signalée par de nouvelles tentatives des Turcs pour porter des secours à leur armée et par des victoires navales des Vénitiens qui, suivant les progrès que la tactique navale faisait en Europe, avaient sur les stationnaires musulmans, une supériorité marquée, et leur faisaient payer cher chaque tentative pour sortir des Dardanelles. Trois Morosini et plusieurs Mocenigo se signalèrent dans cette longue querelle.

Enfin le célèbre Kiouperli, placé par son mérite à la tête du ministère ottoman, résolut de conduire lui-même une guerre qui traînait depuis si long-temps; il se rendit dans l'île où ses transports successifs amenèrent 50 mille hommes, à la tête desquels il poussa vivement les attaques (1667).

Les Turcs déployèrent dans ce mémorable siége plus d'art qu'ils n'en avaient montré jusqu'alors; leur artillerie, d'un calibre énorme, était bien servie, et ils firent pour la première fois usage des tranchées, inventées par un ingénieur italien.

Les Vénitiens, de leur côté, perfectionnèrent la défense par les mines; jamais on ne vit plus d'acharnement pour s'entre-détruire par les combats, les mines, les assauts. Cette héroïque résistance donna à la garnison les moyens de gagner l'hiver: au printemps, Venise lui envoya des renforts, et le duc de la Feuillade amena quelques centaines de volontaires français.

Les Turcs ayant également reçu de puissants renforts, redoublèrent d'énergie, et le siége tirait à sa fin, lorsque 6 mille Français, conduits par le duc de Beaufort et Navailles, arrivèrent au secours (1669). Toutefois une sortie mal conduite découragea cette présomptueuse jeunesse, et Navailles, au bout de deux mois, dégoûté des souffrances du siége, prit sur lui de ramener les débris de ses troupes en France. Morosini n'ayant plus alors que 3 mille hommes exténués, pour défendre une place ouverte de toutes parts, consentit enfin à l'évacuer par une convention qui devint un traité de paix formel. Candie avait coûté aux Turcs vingt-cinq ans d'efforts, plus de 100 mille hommes tués dans 18 assauts et dans plusieurs centaines de sorties; on estime à 35 mille hommes le nombre des chrétiens de toutes les nations qui périrent dans cette honorable défense.

La lutte entre Louis XIV, la Hollande et l'Angleterre, offrit de grandes opérations maritimes, mais aucune descente notable. Celle de Jacques II en Irlande (1660), ne fut composée que de 6 mille Français, bien que la flotte de Tourville comptât 73 vaisseaux de ligne, portant 5800 pièces de canon et 29 mille matelots. Ce fut une faute grave de n'avoir pas jeté au moins 20 mille hommes en Irlande avec de pareils moyens. Deux ans après, Tourville ayant été vaincu à la fameuse journée de la Hogue, les débris des troupes débarquées durent revenir par suite d'un traité d'évacuation.

Au commencement du 18e siècle, les Suédois et

les Russes firent deux expéditions bien différentes.

Charles XII, voulant secourir le duc de Holstein, descend en Danemarck à la tête de 20 mille hommes, portés par 200 transports et protégés par une forte escadre; à la vérité, il fut secondé par les marines anglaise et hollandaise, mais cette expédition n'en fut pas moins remarquable par les détails du débarquement. Le même prince alla descendre en Livonie pour secourir Narva, mais il abordait dans un port suédois.

Pierre-le-Grand ayant à se plaindre des Persans, et voulant profiter de leurs discordes, s'embarque, en 1722, sur le Volga; il débouche dans la mer Caspienne avec 270 bâtiments, portant 20 mille fantassins, et va descendre à Agrakan aux bouches du Koïssou, où il attend sa cavalerie qui, forte de 9 mille dragons et 5 mille Cosaques, vient le joindre par terre en franchissant le Caucase. Le czar va alors s'emparer de Derbent; il assiége Bakou, puis il traite enfin avec un des partis qui déchiraient l'empire des Sofis, en se faisant céder Astrabad, la clef de la Caspienne, et en quelque sorte celle de la monarchie persane.

Le siècle de Louis XV ne fut signalé que par des expéditions secondaires, sans en excepter celle de Richelieu contre Minorque, très glorieuse comme escalade, mais moins extraordinaire comme descente.

Les Espagnols firent cependant, en 1775, une descente de 15 à 16 mille hommes pour attaquer Alger et punir la piraterie audacieuse de ses forbans; mais l'expédition, conduite sans harmonie entre l'escadre et les troupes de terre, échoua contre le feu des tirailleurs turcs et arabes, dispersés dans les broussailles qui entouraient la ville; les troupes mises à terre se rembarquèrent après avoir eu 2 mille hommes hors de combat.

La guerre d'Amérique (1779) fut l'époque des plus grands efforts maritimes de la France : l'Europe ne vit pas sans étonnement cette puissance porter en même temps le comte d'Estaing en Amérique avec 25 vaisseaux de ligne, tandis que M. Orvilliers, avec 65 vaisseaux de ligne franco-espagnols, devait protéger une descente opérée par 300 vaisseaux de transport et 40 mille hommes réunis au Hâvre et à Saint-Mâlo.

Cette nouvelle armada se promena pendant deux mois sans rien entreprendre; les vents la chassèrent enfin dans ses ports.

Plus heureux, d'Estaing domina dans les Antilles et débarqua aux États-Unis 6 mille Français sous Rochambeau, qui, suivis plus tard d'une autre division, contribuèrent à investir la petite armée anglaise de Cornwallis à New-York (1781) et à fixer ainsi l'indépendance de l'Amérique. La France aurait triomphé peut-être pour toujours de son implacable rivale, si, à l'aide de ses parades dans la Manche, elle eût envoyé 10 vaisseaux et 7 à 8 mille hommes de plus avec le bailli de Suffren dans l'Inde.

La révolution française ne fournit que peu d'exemples de descentes; l'incendie de Toulon, l'émigration et la bataille d'Ouessant avaient ruiné sa marine.

La tentative de Hoche contre l'Irlande avec 25 mille hommes fut dispersée par les vents, et n'eut pas d'autres suites (1796).

Plus tard l'expédition de Bonaparte, portant 23 mille hommes en Égypte avec 13 vaisseaux, 17 frégates en 400 transports, obtint d'abord des succès, bientôt suivis de cuisants revers. On sait que, dans l'espoir de l'en chasser, les Turcs débarquèrent à Aboukir au nombre de 15 mille, et que malgré l'avantage de cette presqu'île pour se retrancher et attendre des renforts, ils furent tous culbutés à la mer ou pris : exemple mémorable de défensive à imiter en pareil cas.

L'expédition considérable dirigée en 1802 contre

Saint-Domingue fut remarquable comme descente, elle échoua ensuite par les ravages de la fièvre jaune.

Depuis leurs succès contre Louis XIV, les Anglais s'attachèrent plutôt à détruire des flottes rivales et à conquérir des colonies qu'à faire de grandes descentes. Celles qu'ils tentèrent au 18e siècle contre Brest et Cherbourg, avec des corps de 10 à 12 mille hommes, ne pouvaient rien, au cœur d'un État aussi puissant que la France. Les conquêtes inouïes qui leur valurent l'empire de l'Indostan furent successives. Possesseurs de Calcutta et ensuite du Bengale, ils s'y renforcèrent peu à peu par des envois de troupes partiels, et par les Cipayes qu'ils disciplinèrent jusqu'au nombre de 150 mille.

L'expédition anglo-russe contre la Hollande, en 1799, fut exécutée par 40 mille hommes, mais par plusieurs débarquements successifs; elle est néanmoins intéressante par ses détails.

En 1801, Abercrombie, après avoir inquiété le Ferrol et Cadix, vint descendre avec 20 mille Anglais en Égypte : chacun en connaît les résultats.

L'expédition du général Stuart en Calabre (en 1806), après quelques succès à Mayda, dut regagner la Sicile. Celle contre Buénos-Ayres plus malheureuse, se termina par une capitulation.

En 1807, lord Cartcarth descendit avec 25 mille hommes à Copenhague, en fit le siége et le bombardement, il s'empara de la flotte danoise, but de son entreprise.

En 1808, Wellington descendit en Portugal avec 15 mille hommes. On sait comment, victorieux à Vimiéra et appuyé par l'insurrection de tout le Portugal, il força Junot à évacuer ce royaume. La même armée, portée à 25 mille hommes sous les ordres de Moore, voulant pénétrer en Espagne pour secourir Madrid, fut rejetée sur la Corogne, et forcée à se rembarquer avec grande perte. Wellington, débarqué de nouveau en Portugal avec quelques renforts, ayant réuni 30 mille Anglais et autant de Portugais, vengea cette défaite en surprenant Soult à Oporto (mai 1809), et en allant ensuite jusqu'aux portes de Madrid battre Joseph à Talavéra.

L'expédition d'Anvers, exécutée la même année, fut la plus considérable que l'Angleterre ait entreprise depuis Henri V. Elle ne comptait pas moins de 70 mille hommes, dont 40 mille de troupes de terre et 30 mille marins : elle n'atteignit point son but par le peu de génie de celui qui la commandait.

Une descente d'une nature tout-à-fait semblable à celle du roi de Suède Charles X, fut celle de 30 bataillons russes passant, en 5 colonnes, le golfe de Bothnie sur la glace, avec leur artillerie, pour aller conquérir les îles d'Aland et semer la terreur jusqu'aux portes de Stockholm, tandis qu'une autre division passait le golfe à Umeo (mars 1809).

Le général Murray fit, en 1813, une descente bien combinée vers Tarragone pour couper Suchet de Valence; toutefois, après quelques succès, il dut se rembarquer.

L'armement que l'Angleterre fit en 1815 contre Napoléon, revenu de l'île d'Elbe, fut remarquable par l'immense matériel qu'il débarqua à Ostende et Anvers. Les troupes montaient aussi à 60 mille anglo-hanovriens; mais les uns venaient par terre, et les autres débarquaient chez une puissance alliée, en sorte que ce fut un transport successif et pacifique plutôt qu'une expédition militaire.

Enfin, les Anglais firent, dans la même année 1815, une entreprise qui peut être rangée parmi les plus extraordinaires; nous voulons parler de celle contre la capitale des États-Unis d'Amérique. On vit, au grand étonnement du monde, une poignée de 7 à 8 mille Anglais, descendre au milieu d'un État de 10 millions d'âmes, pénétrer assez avant pour s'emparer de la capitale, et y détruire tous les établissements publics : résultats dont on chercherait vainement un autre exemple dans l'histoire. On serait tenté d'en accuser l'esprit républicain et antimilitaire des habitants de ces provinces, si l'on n'avait pas vu ces mêmes milices comme celles de la Grèce, de Rome ou de la Suisse, défendre mieux leurs foyers contre des agressions bien plus puissantes; et si, dans cette même année, une expédition anglaise plus nombreuse que l'autre, n'avait été totalement défaite par les milices de la Louisiane sous les ordres du général Jackson.

Excepté les armements peut-être un peu fabuleux de Xerxès et des croisades, rien de tout ce qui s'est fait, principalement depuis que les flottes de guerre portent une artillerie formidable, ne peut soutenir la moindre comparaison avec le projet colossal et les préparatifs proportionnés que Napoléon avait faits pour jeter 150 mille vétérans aguerris sur l'Angleterre, au moyen de 3 mille péniches, ou grandes chaloupes canonnières, protégées par 60 vaisseaux de ligne.

On voit aussi combien il est différent de tenter de pareilles descentes lorsqu'on n'a à franchir qu'un bras de mer de quelques lieues, ou lorsqu'on doit se porter en haute mer à de grandes distances. La quantité d'opérations exécutées par le Bosphore s'explique par cette différence, qui est décisive dans ces sortes d'entreprises (*).

(*) Six mois après la première publication de cette notice, 30 mille Français embarqués à Toulon furent descendre à Alger, et plus heureux que Charles-Quint, s'emparèrent en peu de jours de cette place et de toute la régence. Cette expédition, aussi bien conduite par les troupes de la marine que par celles de terre, fit honneur à l'armée comme à ses chefs.

FIN.

TABLE DES MATIÈRES

DE LA DEUXIÈME PARTIE.

CHAPITRE IV.

CHAPITRE V.

CHAPITRE VI.

SUR LA LOGISTIQUE OU ART PRATIQUE DE MOUVOIR LES ARMÉES.

CHAPITRE VII.

DE LA FORMATION ET DE L'EMPLOI DES TROUPES POUR LE COMBAT.

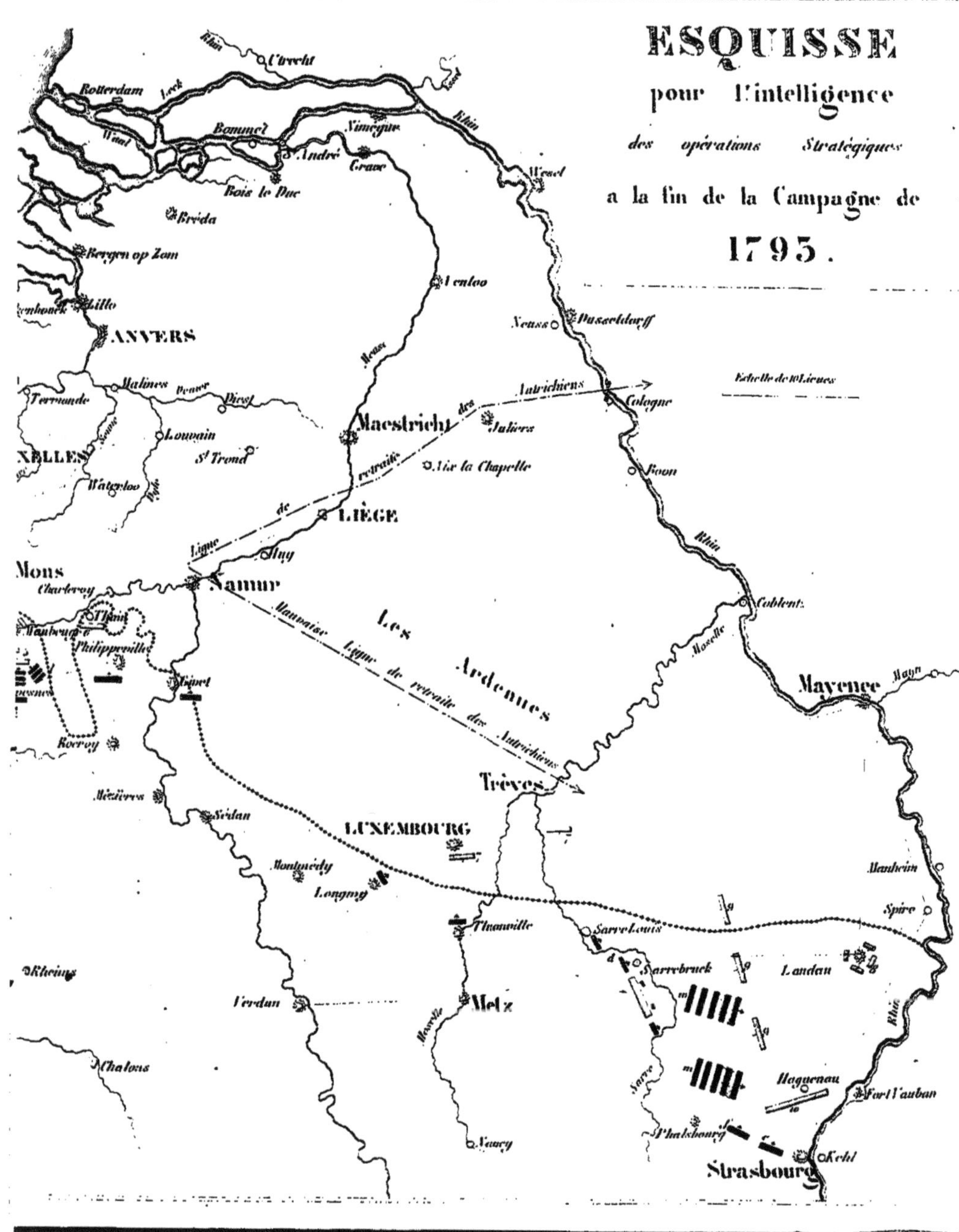
ESQUISSE
pour l'intelligence
des opérations Stratégiques
a la fin de la Campagne de
1793.
Echelle de 10 Lieues
Utrecht
Rotterdam
Leck
Waal
Bommel
Nimègue
Grave
Bois le Duc
Bréda
Bergen op Zom
Lillo
ANVERS
Venloo
Wesel
Rhin
Neuss
Dusseldorff
Meuse
Malines
Termonde
Diest
Louvain
St Trond
Waterloo
Maestricht
Juliers
Cologne
Aix la Chapelle
Bonn
LIÈGE
Huy
Ligne de retraite des Autrichiens
Mons
Charleroy
Namur
Philippeville
Givet
Rocroy
Les Ardennes
Mauvaise Ligne de retraite des Autrichiens
Coblentz
Moselle
Mayence
Mayn
Trèves
Mézières
Sedan
LUXEMBOURG
Montmédy
Longwy
Thionville
Manheim
Spire
Sarre Louis
Sarrebruck
Landau
Rheims
Verdun
Metz
Chalons
Haguenau
Fort Vauban
Sarre
Phalsbourg
Nancy
Strasbourg
Kehl

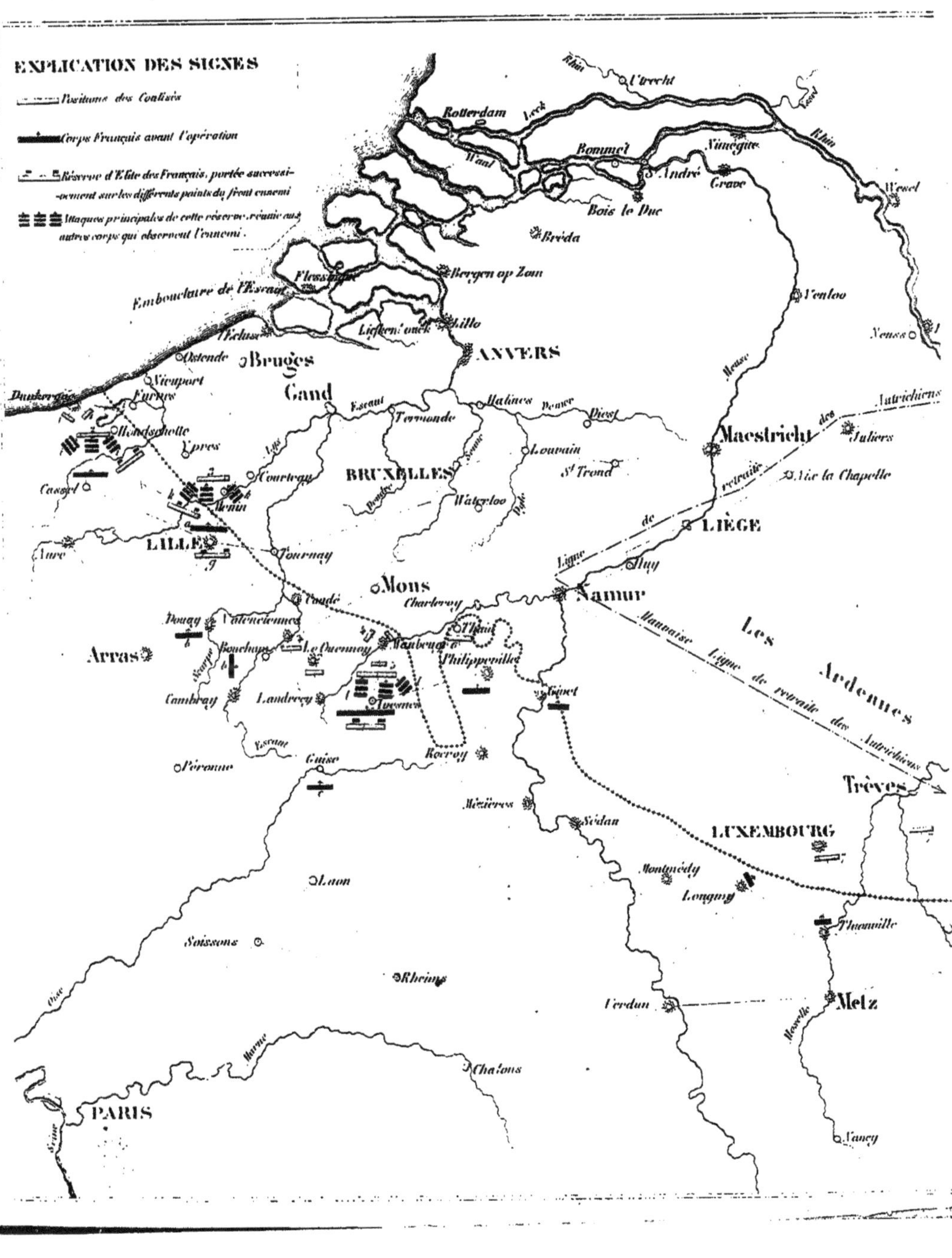

EXPLICATION DES SIGNES
Positions des Coalisés
Corps Français avant l'opération
Réserve d'Élite des Français, portée successivement sur les différents points du front ennemi
Attaques principales de cette réserve réunie aux autres corps qui observent l'ennemi.
Rhin
Utrecht
Rotterdam
Leck
Yssel
Rhin
Bommel
Waal
Nimègue
St André
Grave
Wesel
Bois le Duc
Bréda
Bergen op Zoom
Flessingue
Embouchure de l'Escaut
Venloo
Lillo
L'Écluse
Neuss
Ostende
Bruges
ANVERS
Nieuport
Dunkerque
Furnes
Gand
Escaut
Termonde
Malines
Demer
Diest
Meuse
Autrichiens
Hondschotte
Ypres
Lys
Louvain
Maestricht
des
Juliers
St Trond
retraite
Aix la Chapelle
Cassel
Courtray
BRUXELLES
Senne
Dendre
Waterloo
Dyle
Menin
de
LIÈGE
LILLE
Aire
Tournay
Ligne
Huy
Mons
Namur
Condé
Charleroy
Les Ardennes
Mauvaise Ligne de retraite des Autrichiens
Douay
Valenciennes
Thuin
Arras
Bouchain
Le Quesnoy
Maubeuge
Philippeville
Scarpe
Cambray
Landrecy
Avesnes
Givet
Escaut
Rocroy
Péronne
Guise
Trèves
Mézières
Sédan
LUXEMBOURG
Montmédy
Laon
Longwy
Thionville
Soissons
Rheims
Metz
Verdun
Moselle
Oise
Marne
Chalons
PARIS
Seine
Nancy

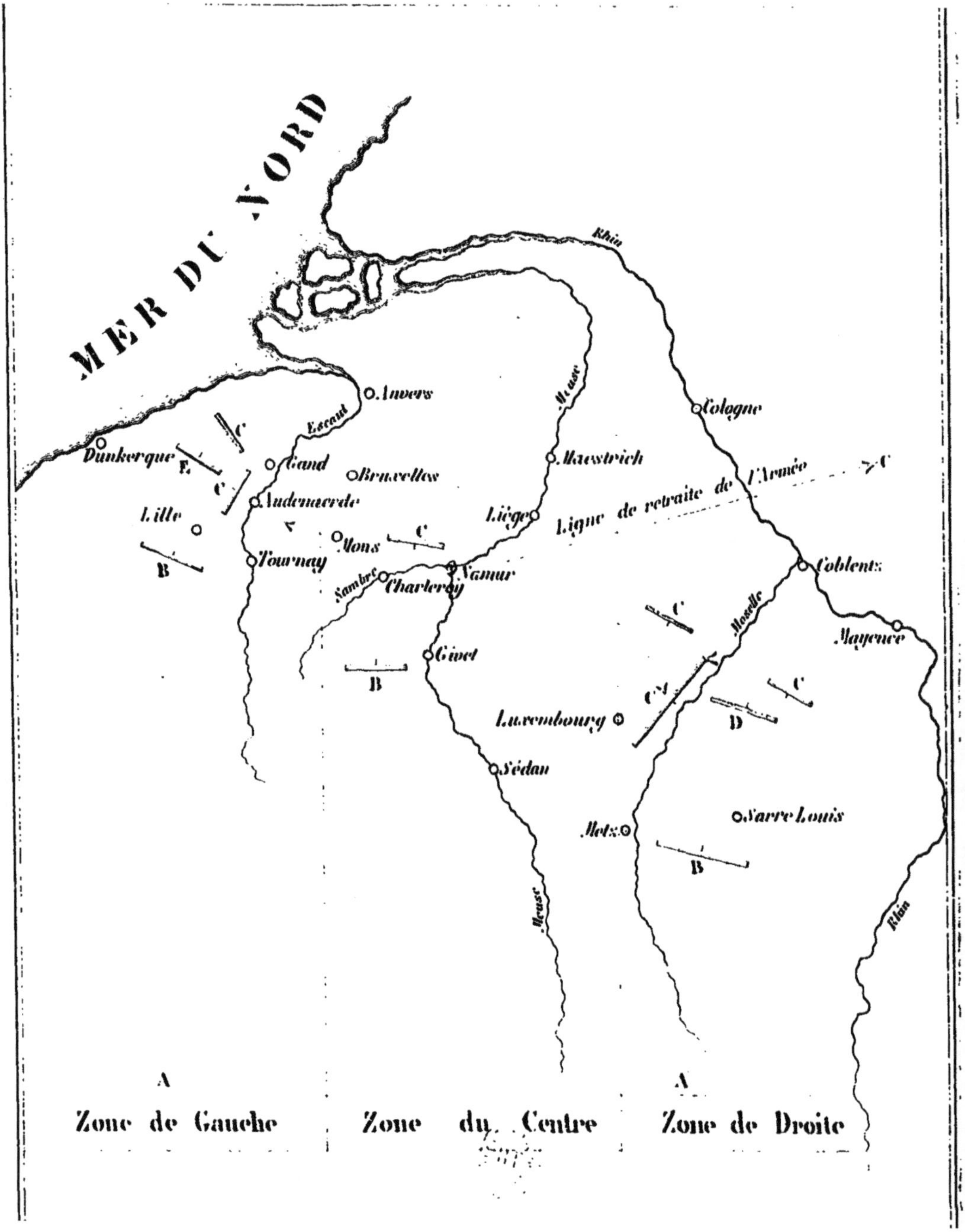

MER DU NORD

Rhin

Anvers

Escaut

Meuse

Cologne

Dunkerque

Gand

Bruxelles

Maestrich

Audenaerde

Lille

Liége

Ligne de retraite de l'Armée

Mons

Tournay

Sambre

Charleroy

Namur

Coblentz

Moselle

Mayence

Givet

Luxembourg

Sédan

Metz

Sarre Louis

Meuse

Rhin

Zone de Gauche | Zone du Centre | Zone de Droite

APPENDICE

AU

PRÉCIS DE L'ART DE LA GUERRE

PAR

LE BARON DE JOMINI

GÉNÉRAL EN CHEF

Aide-de-Camp général de Sa Majesté l'Empereur de toutes les Russies.

PARIS

LIBRAIRIE MILITAIRE DE J. DUMAINE,

ANCIENNE MAISON ANSELIN,

Rue et passage Dauphine, 36.

1849

Ouvrages Militaires et Politiques
DU GÉNÉRAL JOMINI.

TRAITÉ DES GRANDES OPÉRATIONS MILITAIRES,

Contenant l'Histoire critique et militaire des guerres de Frédéric II, comparées au système moderne, avec un recueil des principes les plus importants de l'art de la guerre;

3e ÉDITION,

4 vol. in-8° brochés, et un atlas cartonné, composé de 26 planches, la plupart d'une grande dimension. — Prix : 47 fr.

PRÉCIS DE L'ART DE LA GUERRE,

OU

Nouveau Tableau analytique des principales combinaisons de la Stratégie, de la grande Tactique et de la Politique militaire,

3e édit., 2 vol. in-8°, avec planches et l'APPENDICE (1849). — Prix : 16 fr.

HISTOIRE CRITIQUE ET MILITAIRE DES GUERRES DE LA RÉVOLUTION,

Nouvelle édition, rédigée sur de nouveaux documents, et augmentée d'un grand nombre de cartes et de plans,

15 vol. in-8°, et 4 atlas in-folio. — Prix : 171 fr.

VIE POLITIQUE ET MILITAIRE DE NAPOLÉON,

RACONTÉE PAR LUI-MÊME ET PUBLIÉE PAR LE GÉNÉRAL JOMINI,

4 volumes in-8°. — Prix : 30 fr.; avec atlas et légendes, 67 fr.

PRÉCIS POLITIQUE ET MILITAIRE DE LA CAMPAGNE DES CENT-JOURS,

1 vol. in-8°, avec 3 plans. — Prix : 8 fr.

ATLAS MILITAIRE ET PORTATIF

POUR

L'INTELLIGENCE DES RELATIONS DES DERNIÈRES GUERRES,

et notamment

POUR LA VIE POLITIQUE ET MILITAIRE DE NAPOLÉON,

1 vol. in-folio composé de 36 cartes ou plans, et 1 vol. de LÉGENDES sur lesquelles sont décrits tous les mouvements des corps ou portions de corps indiqués sur les plans;

Prix des 2 vol. cartonnés, 37 *fr.* — *Les Légendes séparées*, 7 *fr.*

SUPPLÉMENT

AU

PRÉCIS DE L'ART DE LA GUERRE.

Mon *Précis de l'art de la guerre*, rédigé en 1836, pour servir à l'instruction militaire de Monseigneur le Grand-duc-Héritier, avait été terminé par une conclusion qui ne fut jamais imprimée, et que je crois utile de donner comme supplément, en y ajoutant une notice plus spéciale encore sur le moyen d'acquérir soi-même un coup-d'œil stratégique sûr et prompt.

Mes lecteurs comprendront qu'il s'agit uniquement ici d'indiquer les moyens de juger avec sagacité les grandes combinaisons de la stratégie et des batailles: quant à ce qui concerne le coup d'œil appréciateur de toutes les chances que présentent les divers accidents du terrain; quant à ce talent de saisir avec autant de promptitude que de calme toutes les péripéties d'un combat, ce sont deux dons de la nature, auxquels on ne saurait suppléer que par une longue pratique et par l'expérience de la guerre ; le petit nombre de maximes qui peuvent servir de jalons en cette manière se trouvent d'ailleurs développées dans l'ouvrage même auquel ces lignes servent de complément.

L'intérêt de l'art m'a seul déterminé à la publication de ces deux notices, auxquelles on pourrait reprocher de nombreuses répétitions, mais qui complètent un ouvrage dont l'utilité a été appréciée, puisque les nombreux plagiats ne lui ont pas manqué. Ce sera mon dernier adieu à la vaillante génération avec laquelle j'ai traversé les grandes guerres d'un siècle à jamais mémorable dans les fastes militaires.

Bruxelles, 6 février 1849.

Général JOMINI.

RÉSUMÉ STRATÉGIQUE

Présenté

A SON ALTESSE IMPÉRIALE,

LE 20 MARS 1837.

Après la lecture attentive de mon *Précis de l'art de la guerre*, l'essentiel est de bien se pénétrer qu'en fait de science militaire, comme en toute autre chose, l'étude des détails devient aisée pour celui qui aura su saisir les points fondamentaux dont tout dérive. C'est à développer ces principes directeurs que je me suis surtout attaché; c'est à les bien comprendre, à les bien appliquer, que l'on doit donner tous ses soins.

Je ne saurais trop le répéter: la théorie des grandes combinaisons spéculatives de la guerre est une chose assez simple en elle-même; elle ne demande que de l'intelligence et une réflexion attentive. Cependant, malgré sa simplicité, une foule de militaires instruits ont de la peine à en saisir l'ensemble : leur esprit s'éparpille sur les détails accessoires, au lieu de se résumer aux causes premières, et ils vont chercher très-loin ce qui serait tout-à-fait à leur portée, s'ils le voulaient sérieusement.

Deux choses fort différentes constituent le talent d'un général : *savoir bien juger et bien combiner des opérations, et savoir les conduire soi-même à bonne fin*. Le premier de ces talents peut être un don de la nature, mais il peut fort bien aussi s'acquérir et se développer par l'étude. Quant au second, il dépend beaucoup plus du caractère individuel, et si l'étude peut l'étendre et le perfectionner, elle ne créera jamais ce *savoir-faire* qui est un don personnel.

Pour un Monarque ou chef de gouvernement, il est surtout essentiel de bien juger et combiner des opérations, parce que, si le don d'exécution lui manque, il pourra du moins y suppléer et reconnaître le bon et le mauvais côté des plans qu'on lui soumettra. Il pourra aussi juger des talents des généraux qui lui en présenteront, et lorsque, au talent de faire un bon plan, ceux-ci joindront un caractère ferme et calme, il pourra en toute sécurité leur confier le commandement de ses armées.

Si le chef de l'Etat était au contraire un de ces

hommes d'exécution qui n'ont que l'instinct du combat sur le terrain, sans posséder le don naturel de préparer de savantes combinaisons militaires, il serait exposé à commettre toutes les fautes que les plus célèbres généraux-soldats ont commises, chaque fois qu'on leur a laissé la conduite de toute une campagne, et que leur vaillance n'était point éclairée par l'étude.

Au moyen des principes que j'ai posés et de l'application qui en a été faite à plusieurs campagnes célèbres, on aura reconnu que la théorie des grandes combinaisons spéculatives de la guerre peut se résumer aux vérités suivantes.

La science stratégique consiste, en premier lieu, à savoir bien préparer son théâtre de guerre, et à bien juger celui de l'ennemi. Pour l'un et l'autre, il faut s'habituer à juger des points décisifs, ce qui n'est pas si difficile, qu'on le pense à l'aide des indications que j'ai données, notamment dans les articles 18 à 22.

Ensuite, l'art consiste à bien employer ses forces sur l'échiquier défensif qu'on aura préparé, si l'on veut attendre l'ennemi, ou sur l'échiquier que l'on voudrait envahir. Les diverses chances de ces échiquiers étant bien comprises d'après l'art. 17, il reste à savoir faire emploi des forces disponibles. Cette mise en action des forces présente deux combinaisons principales : l'une qui est le fond du principe stratégique même, *c'est d'obtenir, par la mobilité et la rapidité, l'avantage de porter successivement le gros de ses forces sur des fractions seulement de la ligne ennemie*; la seconde, *c'est de porter ses coups dans la direction la plus décisive*, c'est-à-dire dans celle où l'on peut faire le plus de mal à l'ennemi sans s'exposer soi-même à des chances désastreuses, comme, par exemple, de se voir enlever ses communications.

Toute la science des grandes combinaisons de la guerre se réduit à ces deux vérités fondamentales. Dès lors, tous mouvements décousus ou plus étendus que ceux de l'ennemi, toute position morcelée, seraient des fautes graves, de même que tout grand détachement superflu. Au contraire, *tout système bien uni, bien serré; toute ligne stratégique centrale; toute position stratégique moins étendue que celle de l'ennemi*, seront des opérations sages.

Quant à l'application, les maximes fondamentales sont tout aussi simples. Par la mobilité et l'initiative, si vous avez cent bataillons contre un pareil nombre d'ennemis, vous pouvez en amener 80 au point décisif, en employant les 20 autres à observer la moitié de l'armée opposée et à lui donner le change. Vous aurez ainsi mis en action 80 bataillons contre 50, là où la question principale doit se décider. C'est par les marches rapides, par les lignes intérieures, ou par un mouvement général sur une extrémité de l'ennemi, que vous atteindrez ce but. J'ai défini les cas où l'un et l'autre de ces moyens doit être préféré. (Pages 254 et 255) [1].

Lorsqu'on aura un plan d'opérations à combiner, il importe de se rappeler : « *que l'échiquier stratégique, de même que toute position d'armée, n'a qu'un centre et deux extrémités ;* » qu'ainsi l'échiquier a ordinairement trois zones : une de droite, une du milieu et une de gauche.

Le choix de la meilleure zone d'opérations dépend :

1° De celle qui procurerait une base à la fois sûre et avantageuse ;

2° De celle où l'on courrait le moins de risques, et où l'on pourrait faire le plus de mal à l'ennemi ;

3° De la situation antécédente des deux partis ;

4° Des dispositions politiques des puissances voisines du théâtre de la guerre.

Il y aura toujours une des trois zones décidément mauvaise ou dangereuse, et les deux autres pourront être plus ou moins convenables, selon les circonstances.

La zone et la base étant déterminées, on a à se décider pour le but des premières entreprises ; on

---

[1] Il importe de rappeler ici que toutes les pages et articles que je cite se rapportent à la 3e édition du *Précis de la guerre*, publiée en deux volumes à Paris, chez Anselin, en 1838, et qui diffère beaucoup de la seconde.

choisit donc un objectif. Ils sont de deux espèces bien différentes : les uns, que l'on pourrait nommer des *points objectifs territoriaux ou géographiques*, se rapportent simplement à une ligne de défense ennemie dont on désire s'emparer, ou à une forteresse ou camp retranché que l'on veut réduire; *les autres, au contraire, consistent exclusivement dans la destruction ou la désorganisation des forces ennemies, sans s'inquiéter des points géographiques, de quelque nature qu'ils soient*. C'était la guerre favorite de Napoléon (1).

Je ne saurais rien ajouter à ce que j'ai dit à ce sujet, page 196, *et le choix de l'objectif étant tout ce qu'il y a de plus important dans un plan d'opérations, je recommande tout l'art.* 19, *qui en traite*. (Pages 191 et suivantes.)

Le but étant arrêté, il faut marcher de la base vers ce but par une ou deux lignes d'opérations, en ayant soin de ne point violer le principe et de ne pas entreprendre de doubles opérations, à moins d'y être forcé par la nature du théâtre de la guerre ou d'avoir une supériorité notable sur l'ennemi, soit en nombre, soit en qualité de troupes : l'art. 21 ne laisse rien à désirer sur cet objet.

---

(1) Le point objectif peut aussi devenir en quelque sorte un *objectif politique*, surtout pour les interventions dans les affaires intérieures d'un pays, mais alors il rentre dans la catégorie des points géographiques.

Si l'on suit deux lignes territoriales, l'essentiel est que la plus importante soit suivie par la plus grosse masse de vos forces, et la ligne secondaire par de simples corps détachés, auxquels on assignerait même, autant que possible, une direction concentrique avec l'armée principale.

L'armée marchant à un but quelconque, avant d'être en présence de l'ennemi pour lui livrer bataille, prend des positions stratégiques journalières ou passagères : le front qu'elle embrasse, ou celui sur lequel l'ennemi peut venir l'attaquer, est son front d'opérations. La direction du front d'opérations offre une combinaison importante, celle des changements de fronts stratégiques, que j'ai développés à l'art. 20, page 211.

Le principe général veut que, même à égalité de forces, on tienne le front moins étendu que celui de l'ennemi, surtout si l'on reste en position pendant un certain temps. Si vos positions stratégiques sont plus resserrées que celles de l'ennemi, vous pouvez vous réunir plus vite et plus facilement que lui, et appliquer ainsi le principe posé. Si elles sont intérieures et centrales, l'ennemi ne peut se réunir qu'en passant sur le corps de vos divisions, ou en faisant le tour d'une longue périphérie de cercle : il est donc presque hors d'état d'appliquer le principe, tandis que vous le pouvez sans crainte.

Mais si vous étiez très faibles contre un ennemi très fort en nombre, la position centrale, pouvant être entourée de tous côtés par des forces qui seraient supérieures sur tous les points, ne paraîtrait pas tenable, à moins que les corps ennemis ne fussent fort éloignés l'un de l'autre, comme c'était le cas dans les armées alliées lors de la guerre de Sept-Ans; ou bien à moins que la zone centrale n'offrît sur un ou deux de ses côtés des barrières comme le Rhin, le Danube, les Alpes, qui mettraient obstacle à une action simultanée des forces ennemies. Dans le cas de grande infériorité numérique, il est néanmoins plus sage de manœuvrer sur une des extrémités de la ligne ennemie, que de se jeter dans le centre, surtout si les masses ennemies sont assez rapprochées pour vous mettre en danger.

Nous avons dit plus haut que la science stratégique, outre l'indication des points décisifs d'un théâtre de guerre, repose sur deux combinaisons 1° de porter la principale masse de ses forces successivement sur des fractions ennemies, pour les attaquer l'une après l'autre; 2° de savoir donner à ses efforts la direction la plus habile, c'est-à-dire de les diriger autant que possible d'abord sur les points décisifs indiqués, puis ensuite sur les points secondaires.

Pour expliquer par un exemple irréfragable ce point fondamental de toute la stratégie, je citerai de nouveau l'opération des Français à la fin de 1793, retracée par l'esquisse ci-jointe.

On se rappellera que les alliés avaient dix corps

principaux sur la frontière de France depuis le Rhin jusqu'à la mer du Nord.

Le duc d'Yorck attaquait Dunkerque (n° 1).

Le maréchal Freytag couvrait le siége (n° 2).

Le prince d'Orange était à Menin en intermédiaire (n° 3).

Le prince de Cobourg avec l'armée principale attaquait Maubeuge et gardait l'espace entre cette place et l'Escaut par de forts détachements (n° 4).

Clairfayt couvrait le siége (n° 5).

Benjouski couvrait Charleroi et la Meuse vers Thuin et Charleroi, dont on relevait les fortifications (n° 6).

Un autre corps couvrait les Ardennes et Luxembourg (n° 7).

Les Prussiens assiégeaient Landau (n° 8).

Le duc de Brunswick couvrait le siége dans les Vosges (n° 9).

Le général Wurmser observait Strasbourg et l'armée du Rhin (n° 10).

Les Français, outre les détachements qui se trouvaient en face de ces corps ennemis, avaient cinq masses principales dans les camps de *Lille*, *Douai*, *Guise*, *Sarrelouis et Strasbourg* (voyez *a*, *b*, *c*, *d*, *e*). Une forte réserve (*g*), composée des meilleures troupes tirées des camps de la frontière du Nord, fut destinée à se jeter successivement sur tous les points de la ligne ennemie, de concert avec les troupes qui s'y trouvaient déjà (*i*, *k*, *l*, *m*).

Cette réserve, secondée par les divisions du

camp de Cassel près Dunkerque, commença en effet par battre les corps 1 et 2, sous le duc d'Yorck, puis celui des Hollandais, nº 3, à Menin; ensuite celui de Clairfayt (5) devant Maubeuge; enfin, allant joindre l'armée de la Moselle vers Sarrelouis, elle battit le duc de Brunswick dans les Vosges, et, aidée par l'armée du Rhin (*f*), chassa Wurmser des lignes de Wissembourg.

Certes, le principe général était bien appliqué, et toute opération pareille sera toujours excellente par elle-même. Mais comme les Autrichiens composaient la moitié des forces coalisées, et qu'à partir des points 4, 5, 6, ils avaient leurs lignes de retraite sur le Rhin (*A* et *B*), il est clair que, si les Français avaient rassemblé trois de leurs grands corps pour les jeter sur celui de Benjouski à Thuin (nº 6) et se rabattre ensuite sur le prince de Cobourg, en tombant sur sa gauche par la route de Charleroi, ils auraient culbuté l'armée impériale sur la mer du Nord, et obtenu ainsi d'immenses résultats.

Le Comité de salut public attachait un grand prix à ne pas laisser tomber Dunkerque entre les mains des Anglais; outre cela, le corps d'Yorck, campé dans les dunes, pouvait être coupé et jeté à la mer, et les masses françaises disponibles se trouvaient à Douai, Lille et Cassel; en sorte qu'on eut de bon motifs pour commencer par l'attaque des Anglais. Le coup manqua son but principal, parce que Houchard, n'appréciant pas son avantage stratégique, ne sut pas agir sur la ligne de retraite anglo-hanovrienne, et, pour l'en punir, on le guillotina, quoiqu'il eût bien sauvé Dunkerque, mais non coupé les Anglais comme il le pouvait.

On observera que cette promenade successive de la réserve française sur tout le front procura cinq victoires qui n'eurent qu'un demi-résultat, parce que *c'étaient des attaques de front* et que, les places une fois dégagées, les armées alliées n'étant point entamées, et la réserve française allant se promener ailleurs, on ne sut pousser à fond aucun des succès remportés. Si les Français, basés sur leurs cinq places de la Meuse, eussent réuni cent mille hommes par des marches hardies et rapides, pour tomber sur le centre de ces corps morcelés, écraser Benjouski vers Charleroi, assaillir le prince de Cobourg à revers, le battre, le poursuivre à outrance comme Napoléon fit à Ratisbonne, et comme il voulait le faire à Ligny en 1815, le résultat eût été bien différent.

J'ai cité ce fait comme un de ceux qui démontrent le mieux les deux branches de l'empire stratégique des masses, c'est-à-dire l'emploi successif et l'emploi au point décisif (¹). Dès lors, il

(¹) L'opération que je cite prouve l'avantage de l'emploi au point décisif, non parce qu'il eut lieu, mais au contraire parce qu'il n'eut pas lieu en 1793. Si Napoléon eût été à la

paraît que l'on est autorisé à en conclure que tout le principe des opérations stratégiques gît dans la double application que je viens de faire de ces deux combinaisons.

Pénétré de ces vérités, tout militaire instruit sera convaincu aussi que les bonnes manœuvres dans les batailles dépendent absolument du même principe, c'est-à-dire de porter ses efforts sur une seule aile ou sur le centre, selon la position des masses ennemies. Il importe seulement d'observer que dans les batailles il faut calculer les distances avec plus de précision encore, car, les effets étant plus rapprochés et plus immédiats, on doit éviter de donner prise à l'ennemi, surtout s'il a un système bien serré. Ajoutons à cela le calme dans l'action ; le choix des positions de bataille les plus propres à favoriser le système de défense offensive (art. 30); l'emploi simultané des forces pour le coup de collier, selon ce que j'ai dit pages 46 à 48 du tome II; le talent d'exciter ses soldats et de les lancer à propos, nous aurons ainsi résumé tout ce qui peut être un gage de la victoire, tout ce qui constitue le talent d'exécution.

---

place de Carnot, il fût tombé avec toutes ses forces sur Charleroi, d'où il se fût rabattu sur la gauche du prince de Cobourg, qu'il eût coupé de sa ligne de retraite. Que l'on compare les résultats des savantes manœuvres du Saint-Bernard et de Iéna avec l'opération demi-habile de Carnot, et l'on jugera.

Le point décisif du champ de bataille est presque toujours facile à saisir, mais le moment décisif pour frapper ne l'est pas de même; c'est ici que le génie naturel et l'expérionce sont tout, et la théorie à peu près nulle.

Il importe de méditer avec attention l'art. 42, qui indique comment un général, en posant bien un petit nombre de suppositions sur ce que peut faire l'ennemi, et sur ce qu'il lui convient de faire lui-même dans toutes les hypothèses, réussira à se former un coup-d'œil sûr et rapide sur toutes les éventualités, et à avoir un parti pris d'avance pour déjouer les entreprises que l'ennemi pourrait tenter.

Je dois recommander aussi l'art. 28, sur les grands détachements : c'est un mal indispensable, mais qui, si l'on n'y prend garde, ruine facilement les meilleures armées. En faire peu, *les mobiliser beaucoup*, les rappeler promptement à soi dès qu'on le peut, leur donner de sages instructions pour éviter des catastrophes, sont des maximes essentielles pour un général prudent.

Je n'ai rien à dire sur les deux premiers chapitres traitant *de la politique militaire*: ils ne sont eux-mêmes qu'un résumé très bref de cette partie de l'art de la guerre qui concerne les hommes d'Etat, mais dont il est urgent de se bien pénétrer. J'appellerai, toutefois, l'attention sur l'art. 14, relatif au commandement des armées ou au choix des généraux en chef, objet qui mérite toute la sollicitude d'un gouvernement sage, car, de là dépend souvent le salut de l'Etat. On peut accorder toute confiance à un bon stratégien pour en faire un chef d'état-major d'armée; mais pour le commandement en chef il faut, avant tout, un homme expérimenté, doué d'un grand caractère et d'une énergie éprouvée; la réunion de deux hommes doués de ces différentes qualités pourrait, à défaut d'un grand capitaine du premier ordre, conduire une armée aux plus brillantes entreprises.

Je ne saurais rien ajouter non plus au résumé stratégique de la page 407, tome 1er, ni à la conclusion générale (tome II, page 289), sans tomber dans d'éternelles répétitions. Il ne me reste donc qu'à terminer ce résumé par l'indication des moyens les plus simples pour apprendre à mettre en pratique les maximes qu'il renferme.

NOTICE

SUR

LES MOYENS D'ACQUÉRIR SOI-MÊME

UN BON COUP-D'ŒIL STRATÉGIQUE.

L'étude des principes de la stratégie ne saurait porter de bons fruits, si l'on se bornait à loger ces principes dans sa mémoire, sans chercher à s'initier dans toutes leurs combinaisons, et sans exercer fréquemment son jugement en les appliquant soi-même sur la carte, soit à des hypothèses de guerre fictives, soit aux opérations les plus brillantes des grands capitaines. C'est à l'aide de tels exercices que l'on parvient à acquérir un coup-d'œil stratégique prompt et sûr, qualité la plus précieuse pour un général, et sans laquelle il ne saurait jamais mettre en pratique les plus belles théories du monde.

Lorsqu'il est bien pénétré des avantages que

procure la mobilité d'une masse successivement mise en action sur plusieurs fractions des forces ennemies, et surtout lorsqu'il aura reconnu toute l'importance de diriger constamment ses efforts sur les points décisifs du théâtre des opérations, un militaire studieux devra naturellement chercher à reconnaître du premier coup-d'œil quels sont ces points décisifs. J'ai déjà fait pressentir dans le chapitre III, page 160, du *Précis de l'art de la guerre* (1), par quels simples procédés d'analyse on peut arriver à cette connaissance.

En effet, il est une vérité d'une simplicité frappante, qui domine toutes les combinaisons de la grande guerre : c'est « *que, dans quelque position qu'un général se trouve, il n'a jamais qu'à décider s'il doit opérer sur sa droite, sur sa gauche, ou directement devant lui.* »

Pour s'assurer de la justesse de cette assertion, prenons d'abord ce général dans son cabinet, au début de la guerre : son premier soin sera naturellement de choisir la zone d'opérations qui lui offrira les plus grandes chances de succès, et le moins de périls en cas de revers. Comme tout théâtre d'opération ne saurait avoir plus de trois zones, celle de droite, celle du centre, celle de gauche, et que j'ai indiqué aux art. 17 à 22 la manière

---

(1) Troisième édition de 1838, pag. 157 à 161 du tome Ier.

de reconnaître les avantages et les dangers de ces zones, ce choix sera facile à faire.

Lorsque le général aura définitivement arrêté la zone sur laquelle il sera décidé à diriger ses principales forces, et lorsque ces forces y seront établies, elles auront un front d'opérations en face de l'armée ennemie, qui aura aussi le sien. Or, ces fronts d'opérations présenteront également les trois mêmes directions de droite, de gauche, ou du centre. Il ne restera donc plus qu'à juger celle où l'on pourrait causer le plus de mal à l'ennemi, car ce sera toujours la meilleure, surtout si on peut l'adopter sans courir risque d'exposer ses propres communications; j'ai indiqué à cet effet, dans le *Précis de l'art de la guerre*, toutes les chances que l'on doit rechercher ou éviter.

Enfin, lorsque les deux armées se trouveront en présence sur le champ de bataille où le choc décisif doit avoir lieu, prêtes à en venir aux mains, elles auront de même une aile droite, une gauche et un centre, contre chacun desquels on trouverait plus ou moins d'avantages à porter ses principaux coups.

En résumant ainsi toute opération de grande guerre à trois combinaisons fondamentales aussi simples, on parviendra facilement à juger laquelle des trois directions il conviendrait mieux d'adopter, et dès que la plus favorable sera reconnue, on ferait une faute d'adopter l'une des deux autres, car ce serait s'exposer gratuitement à des chances funestes, pour renoncer à des succès presque certains.

Nous avons dit qu'après avoir déterminé le choix de la zone, on n'aurait qu'à appliquer ces trois mêmes hypothèses au front d'opérations sur lequel on devra manœuvrer.

Prenons, pour démontrer cette vérité, le même théâtre d'opérations, entre le Rhin et la mer du Nord, que nous avons déjà cité, et qui se trouve reproduit par le croquis ci-contre.

Bien que ce théâtre présente, en quelque sorte, quatre sections géographiques, savoir : l'espace entre le Rhin et la Moselle ; celui entre la Moselle et la Meuse ; l'intervalle entre la Meuse et l'Escaut ; enfin, l'espace entre l'Escaut et la mer, il n'en est pas moins vrai que l'armée dont la base serait en *AA*, et qui aurait son front d'opérations en *BB*, n'aurait jamais que trois directions générales à choisir, car les deux espaces du centre appartiendraient toujours à une même zone centrale, puisqu'il en existerait une autre à droite et une autre gauche.

L'armée *BB* voulant prendre l'offensive contre l'armée *CC*, dont la base serait sur le Rhin, aurait à choisir entre trois directions. Si elle manœuvrait par son extrême droite en descendant la Moselle (vers *D*), il est évident qu'elle menacerait la ligne de retraite des ennemis en cherchant à les couper du Rhin : mais ceux-ci, réunissant toute la masse de leurs forces vers Luxembourg, pourraient fondre sur la gauche de cette armée *D*, la contraindre à faire un changement de front et à recevoir bataille parallèlement au Rhin, ce qui causerait sa ruine en cas d'une défaite sérieuse.

Si, au contraire, l'armée *B* voulait jeter ses efforts à l'extrémité opposée sur sa zone de gauche, vers *E*, afin de profiter des avantages que les belles places de Lille et de Valenciennes lui procureraient pour manœuvrer contre l'extrême droite du front d'opérations ennemi, elle s'exposerait à bien plus d'inconvénients encore. Car l'armée *CC*, rassemblant toutes ses forces vers Audenarde, pourrait fondre sur sa droite, et, en débordant encore cette aile dans le combat, la rejeter dans l'impasse formé vers Anvers par le bas-Escaut et la mer, où il ne lui resterait qu'à mettre bas les armes ou à se faire jour en sacrifiant la moitié de ses forces.

De ces deux vérités, il résulte évidemment que la zone de gauche serait la plus mauvaise pour l'armée *B*, et que celle de droite, bien qu'elle offrît quelques chances de succès, aurait aussi de graves inconvénients. Reste donc la zone centrale : celle-ci réunirait tous les avantages désirables, car l'armée *B*, en jetant la principale masse de ses forces vers Charleroi afin de couper en deux l'immense front d'opérations de l'ennemi, pourrait accabler son centre et culbuter sa droite sur Anvers et le bas-Escaut, sans exposer en rien ses propres communications.

Lorsqu'on a réuni ses forces sur la zone la plus favorable, on doit naturellement les diriger ensuite sur la partie du front d'opérations de l'ennemi qui se trouverait en harmonie avec le but principal de l'opération projetée. Ainsi, lorsque vous aurez manœuvré par votre droite contre la gauche ennemie, avec l'intention de couper la majeure partie de son armée de sa base du Rhin, il est clair que vous devez constamment opérer dans le même sens, car, si vous portiez vos efforts sur la droite du front d'opérations de l'ennemi, tandis que vos projets auraient eu pour but de gagner sa gauche, vous perdriez naturellement tout le fruit du plan d'opérations le mieux combiné.

Si, au contraire, vous avez décidé de prendre la zone de gauche dans le but de refouler l'ennemi sur la mer qui se trouve dans cette direction, il est évident que vous devez toujours manœuvrer par votre droite pour rejeter l'ennemi sur l'obstacle insurmontable, puisque, si vous manœuvriez par votre gauche, ce serait vous et non l'ennemi qui se trouverait acculé à la mer en cas de revers.

En appliquant les mêmes maximes aux théâtres des campagnes de Marengo, d'Ulm, d'Iéna, nous trouvons toujours la combinaison d'une triple zone, avec la différence que dans ces campagnes ce n'était plus la direction du centre qui était la meilleure. En 1800, ce fut la direction de gauche qui menait droit à la rive gauche du Pô, sur la ligne de retraite de Mélas; en 1805, ce fut encore la zone de gauche qui menait, par Donavert, sur l'extrême droite et sur la ligne de retraite de Mack; enfin, en 1806, ce fut au contraire par la zone de droite que Napoléon pouvait gagner la ligne de retraite des Prussiens, en filant de Bamberg sur Gera.

En 1800, Napoléon avait à choisir entre la ligne d'opérations de droite, qui le menait sur les bords de la mer vers Nice et Savonne; celle du centre conduisant de front par le Mont-Cenis sur Turin, et celle de gauche, qui le portait par le Saint-Benard ou le Simplon sur les communications de Mélas. Les deux premières directions n'offraient aucune chance favorable, et la droite, surtout, pouvait être dangereuse, comme elle le fut en effet à Masséna, qui se trouva rejeté et investi dans Gênes. La direction décisive était donc évidemment celle de gauche.

En voilà plus qu'il n'en faut pour démontrer mon idée.

Quant à ce qui concerne les batailles, il y a naturellement une double complication, car ici il faut concilier le coup-d'œil stratégique avec le coup-d'œil tactique. Une position de bataille, ayant nécessairement des rapports avec la ligne de retraite et avec la base d'opérations, aura donc une direction stratégique bien déterminée ; mais elle aura aussi des rapports avec la nature du terrain où le combat se livrera, et avec l'emplacement des troupes de différentes armes des deux partis ; ce qui constitue ses rapports tactiques. Quoique, en général, une armée prenne sa ligne de bataille de manière à conserver ses lignes de retraite derrière elle, il arrive bien souvent aussi qu'elle soit obligée de combattre parallèlement à cette ligne de retraite, de telle sorte que cette ligne se trouverait dans le prolongement d'une aile.... Dans ce cas, il est évident que, si vous tombez sur cette aile avec des forces accablantes, l'armée ennemie peut être coupée, anéantie ou forcée à se faire jour l'épée à la main.

Je citerai pour exemple la célèbre bataille de Leuthen, en 1757, que j'ai rapportée dans l'histoire des guerres de Frédéric, et les célèbres journées de Krasnoï, dans la retraite de Moscou, en 1812.

La figure ci-après explique la combinaison de Krasnoï :

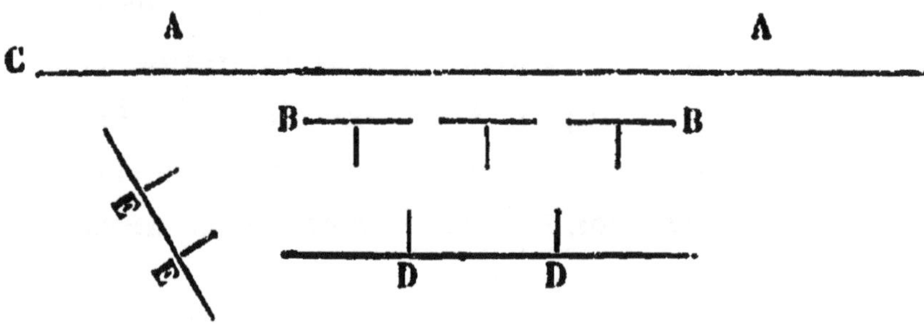

La ligne *AA* indique la ligne de retraite de Napoléon, qui se dirigeait vers *C*, et prit la position *BB* pour couvrir sa marche.

Il est évident que la principale masse de l'armée de Kutusof *DD* aurait dû se porter en *EE* pour accabler la droite des Français, dont l'armée, prévenue au point *C*, eût été d'autant plus sûrement perdue, que chacun sait dans quel état elle se trouvait à six cents lieues de sa véritable base.

La même combinaison se représente à Jemmapes, où Dumouriez, en débordant la gauche des Autrichiens, au lieu d'attaquer leur droite, les eût entièrement coupés du Rhin.

A la bataille de Leuthen, Frédéric accabla l'aile gauche des Autrichiens, qui se trouvait dans la direction de la ligne de retraite, ce qui fut cause que toute l'aile droite dut se réfugier dans Breslau et y capituler peu de jours après.

Dans des cas semblables, il n'y a pas moyen d'hésiter; le point décisif est sur l'aile ennemie qui se trouve la plus voisine de sa ligne de retraite, dont il faut s'efforcer de s'emparer, sans toutefois compromettre la sienne.

Lorsqu'une ligne de bataille ennemie possédera une ou deux lignes de retraite perpendiculairement derrière elle, alors la combinaison purement tactique devra l'emporter, et il sera en général plus naturel d'attaquer le centre ou celle des deux ailes où les obstacles du terrain seraient moins favorables à la défense : car la première chose est de gagner la bataille sans chercher toujours la destruction totale de l'ennemi. Cela dépend de la proportion numérique des forces, de l'état moral des deux armées, et de circonstances qu'on ne saurait réduire en maximes absolues.

Enfin, il arrive aussi qu'une armée parvient à s'emparer, avant la bataille, de la ligne de retraite de l'ennemi, ainsi que Napoléon le fit à Marengo, à Ulm et à Iéna... Le grand point décisif étant gagné par des marches habiles avant de combattre, on ne lutte plus alors que pour empêcher l'ennemi de forcer le passage, et on n'a d'autre manœuvre à lui opposer qu'une ligne de bataille parallèle, car il n'y a pas de raison de manœuvrer sur une aile plutôt que sur une autre. Pour l'ennemi qui se trouve coupé, le cas est tout différent : il n'a qu'un moyen de salut, c'est de reconnaître l'aile vers laquelle il pourrait plus promptement regagner sa ligne de retraite, et d'y jeter tout ce qu'il pourrait de ses forces, afin d'en sauver du moins la majeure partie. Or, tout ce calcul ne consiste encore qu'à juger s'il faut faire cet effort sur la droite ou sur la gauche.

Il importe néanmoins de remarquer que les passages de grands fleuves, en présence de toute une armée ennemie, font quelquefois exception à ces maximes générales. Dans ces opérations si délicates, le point essentiel est de mettre ses ponts à l'abri de tout danger. Or, si, après son passage, l'armée jetait ses plus fortes masses sur sa droite ou sur sa gauche afin de s'emparer d'un point décisif ou de refouler l'ennemi sur le fleuve, tandis que celui-ci rassemblerait au contraire tous ses efforts du côté opposé pour s'emparer des ponts, cette armée pourrait se trouver, en cas de revers, dans la position la plus critique. La bataille de Wagram offre à ce sujet l'étude la plus complète que l'on puisse désirer : je me suis efforcé, du reste, de tracer dans l'art. 37 (pag. 100 du tom. II) les différentes nuances que présentent ces opérations, qui rentrent d'ailleurs dans les règles générales indiquées.

C'est en se pénétrant bien de ces vérités qu'un militaire parviendra à acquérir un coup-d'œil prompt et sûr. On comprendra qu'un général qui en sera fortement imbu, et qui se sera exercé à les appliquer souvent, soit à des lectures d'histoire militaire, soit à des opérations simulées sur la carte, se trouvera rarement embarrassé, dans le cours de ses entreprises, sur le parti qu'il devra adopter; et lors même que l'ennemi lui opposerait des mouvements subits et imprévus, il saura toujours apprécier les meilleures dispositions à prendre pour les déjouer, en se rattachant sans cesse aux combinaisons d'un premier plan basé sur des données aussi simples.

A Dieu ne plaise que je prétende rabaisser l'art sublime de la guerre, en le réduisant à de si minimes conceptions! Qui pourrait apprécier mieux que moi la différence qui existe entre les principes directeurs de combinaisons faites dans le cabinet, et le *savoir-faire* indispensable pour conduire cent mille hommes dans un même but au milieu du fracas des batailles? Je sais tous les talents et le caractère dont il faut être doué pour mouvoir de pareilles masses comme un seul homme; pour les engager simultanément au point le plus désisif et au moment le plus convenable; pour leur assurer tous les approvisionnements d'armes, de munitions et de vivres. Mais, si ce *savoir-faire* constitue avant tout l'homme de guerre, comment ne pas reconnaître aussi que la sage direction des masses sur les meilleurs points stratégiques est la plus sublime qualité d'un grand capitaine? Et combien de braves armées, commandées par de vaillants hommes d'exécution, ont perdu non-seulement des batailles, mais des empires, pour avoir couru imprudemment à gauche, lorsqu'il s'agissait de manœuvrer à droite? On pourrait en donner des exemples nombreux; je me contenterai de citer Ligny, Waterloo, Bautzen, Dennewitz, Leuthen.

Je m'arrête, car je ne pourrais que multiplier les redites; et, pour me justifier d'avance du reproche d'accorder trop d'influence à l'application des maximes peu nombreuses que j'ai émises dans mes ouvrages, je rappellerai que j'ai été le premier à proclamer « *que la guerre est un drame passionné et non une science exacte*,... que le moral, les talents, le *savoir-faire* et le grand caractère des chefs, les passions des masses, exercent une immense influence. » Mais il m'est permis aussi, après avoir écrit l'histoire raisonnée de trente campagnes, et avoir assisté moi-même à douze des plus célèbres, d'affirmer que je n'ai pas trouvé un seul exemple où les principes bien appliqués n'aient pas procuré la victoire.

Quant à ce *savoir-faire*, et à l'esprit juste et pénétrant, qui distinguent l'homme pratique de celui qui ne sait que ce que les autres lui ont appris, j'avoue qu'aucun livre ne saurait les inoculer dans le cerveau de ceux qui en seraient privés ; et je dois avouer que j'ai vu bien des généraux, même des maréchaux, usurper une certaine réputation en citant à tort et à travers des principes qu'ils ne savaient nullement mettre en action, arriver ainsi au commandement suprême, et former les plans les plus extravagants, par suite d'un manque total de jugement et d'une présomption inexplicable.

Ce n'est pas à ces esprits faux que mes ouvrages s'adressent : j'ai voulu faciliter aux esprits exacts l'étude aride de la guerre, en indiquant les jalons directeurs, et, sous ce rapport, je crois avoir rendu de grands services aux officiers jaloux de se faire un nom dans la carrière des armes.

Enfin, je terminerai ce court résumé par une dernière vérité:

« C'est que la première de toutes les conditions pour bien faire la guerre est d'avoir la ferme volonté de se battre. Quand un général sera animé d'un esprit vraiment belliqueux, et qu'il saura le communiquer à ses soldats, il pourra faire des fautes, mais il remportera néanmoins des victoires et il cueillera de justes lauriers. »

Paris — Impr. de Cosse et J. Dumaine, rue Christine, 2.

Défauts constatés sur le document original

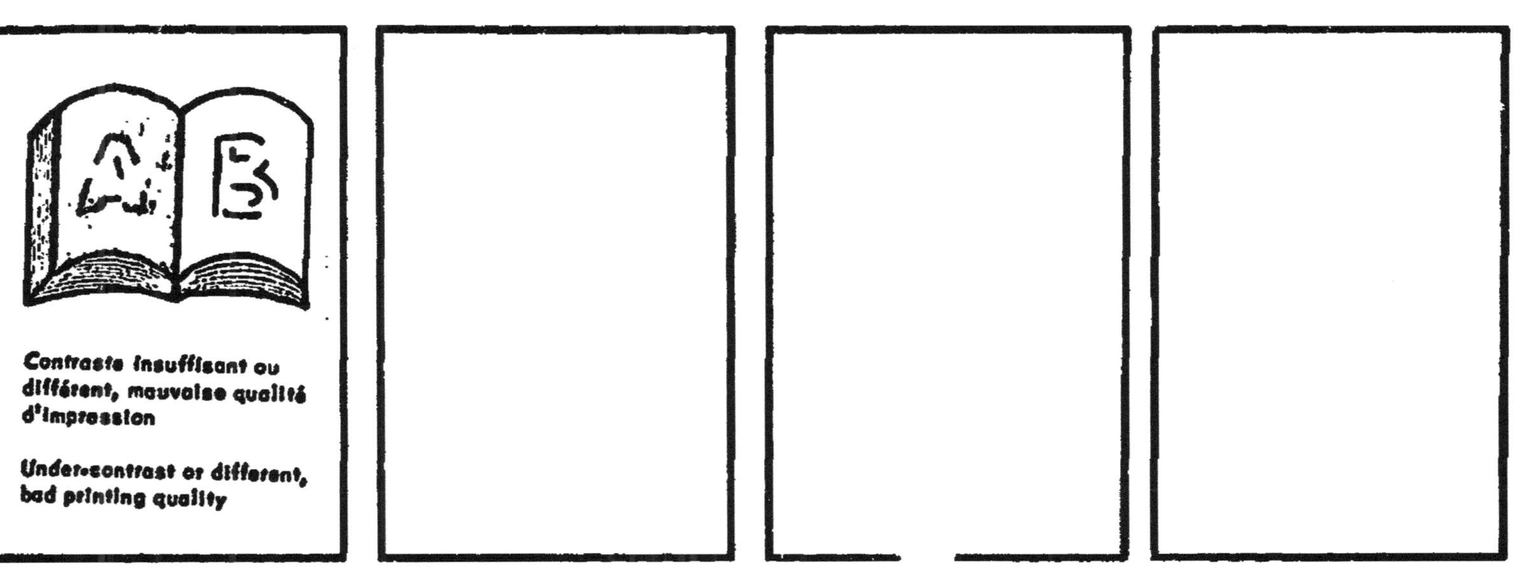

www.ingramcontent.com/pod-product-compliance
Ingram Content Group UK Ltd.
Pitfield, Milton Keynes, MK11 3LW, UK
UKHW021844190726
13855UKWH00001B/148

9 782013 469470